信息技术知识与
办公技巧360问

石 焱 ▣ 主 编

戴 慧 ▣ 副主编

U0215435

中国林业出版社

内 容 简 介

本书采用"问题驱动、案例式、体验式学习"相结合的编写方式，介绍了信息技术知识与办公技巧。全书共7篇，主要内容包括：信息技术知识与互联网篇、Office 2010办公应用技巧篇、多媒体应用篇、网络应用篇、电子商务篇、信息安全篇、常见故障处理篇7个方面的问题及解答方法。本书编写的目的在于面向广大林业干部普及信息技术知识，提高林业干部信息化应用水平和工作效率。本书既可供林业系统的办公人员和广大干部作为参考手册，也可供各行业办公人员、高校学生和广大信息化工作爱好者学习参考，林业信息化培训基地指定使用参考用书。

图书在版编目（CIP）数据

信息技术知识与办公技巧360问 / 石焱主编. —北京：中国林业出版社，2016.4（2017.10重印）

ISBN 978-7-5038-8458-0

Ⅰ. ①信… Ⅱ. ①石… Ⅲ. ①办公自动化-应用软件-问题解答
Ⅳ. ①TP317.1-44

中国版本图书馆CIP数据核字（2016）第057488号

中国林业出版社·教育出版分社

策划编辑：杨长峰　高红岩　　责任编辑：高红岩
电　　话：（010）83143554　　传真：（010）83143516

出版发行：中国林业出版社（100009　北京市西城区德内大街刘海胡同7号）
E-mail：jiaocaipublic@163.com　　电话：（010）83143500
http：//lycb.forestry.gov.cn

经　销：新华书店
印　刷：北京中科印刷有限公司
版　次：2016年4月第1版
印　次：2017年10月第3次印刷
开　本：850mm×1168mm　1/32
印　张：5.75
字　数：148千字
定　价：22.00元

前 言

Preface

　　2012 年，为进一步贯彻落实《全国林业信息化建设纲要》，加快林业信息化人才队伍建设，为建设现代林业提供强有力的人才保障和智力支持，推进生态文化与教育培训系统行动计划的实施，国家林业局本着"着远长远，优势互补，资源共享，互利共赢，共同发展"的原则，在国家林业局管理干部学院设立"林业信息化培训基地"，开展林业行业信息化培训，并进行培训需求调研。三年以来，开展了 30 多期信息化培训，林业系统领导干部和技术人员 3000 余人参加了培训，培训期间，培训学员对信息化知识和办公技能的需求做了充分反馈。为了适应林业系统领导干部和工作人员的办公需要，加大"十三五"林业信息化培训工作力度，进一步提高林业系统广大干部职工的信息化工作能力和水平，我们组织计算机教学一线人员、林业信息化培训教学管理人员和计算机等级考试考点有丰富培训及考试培训经验的老师共同策划并编写了《信息技术知识与办公技巧 360 问》。

　　《信息技术知识与办公技巧 360 问》一书根据公务员及企事业单位人员对办公技能的需求，将信息技术知识、互联网知识、Office 办公软件中的 Word 文字处理、Excel 表格处理、PowerPoint 幻灯片处理、多媒体应用、电子商务、网络应用、网络安全及故障维护等知识结合起来，采用 MS Office 2010 版本的案例，融入工作岗位中需要的办公能力及实际要求，具有理论够用、突出技能、综合应用的特点。互联网强势发展的时代，对于办公人员，掌握必要的信息技术知识、网络应用、办公技巧和故障维护技能等关键的实践环节，十分重要。我们结合林业行业工作人员的岗位特点和一线教师在计算机基础教学过程和实践过程中所发现的经常遇到的问题，与学院在岗管理人员、高校的信息学院院长、林业基层工作人员、相关业务司局管理人员一起探讨，共同拟定了本书的编写大纲和问题案例方案，希望能够提供适合的问题方向和思路，旨在高效、清晰的提高办公人员的信息技术应用能力，成为名副其实的高效开展岗位工作的信息化技能人才。本书为提问式编写，有极强的应用性，涉及的知识点拓展和理论知识以够用为主。

本套书分为 7 篇 360 问，主要内容包括：信息技术知识与互联网篇 50 问、Office 2010 办公技巧篇 80 问、多媒体应用篇 30 问、网络应用篇 60 问、电子商务篇 40 问、信息安全篇 40 问、常见故障处理篇 60 问。

本书编写的目的在于向广大林业干部普及信息技术知识，提高林业干部信息化应用水平和工作效率。本书既可供林业系统的办公人员和广大干部作为参考手册，也可供各行业办公人员、高校学生和广大信息化工作爱好者学习参考。

本书编写人员全部为国家林业局管理干部学院的老师，石焱老师担任主编，戴慧老师担任副主编，并负责组织编写大纲及统稿。编写人员分工如下：信息技术知识与互联网篇由石焱编写 1～25 问，方博编写 26～50 问；Office 2010 办公应用技巧篇由赵珊编写 1～12 问，戴慧编写 13～60 问，陈微编写 61～80 问；多媒体应用篇 30 问由戴慧编写；网络应用篇 60 问和电子商务篇 40 问由牛振兴编写；信息安全篇 40 问由奚博编写；常见故障处理篇由方博编写 1～40 问，戴慧编写 41～60 问。石焱、戴慧、方博老师全程均参与了本书的大纲确定、内容审核与校对工作。

在编写本书的过程中，笔者参考了大量的教学和考试资料，编写大纲和思路得到国家林业局管理干部学院党委书记李向阳、副院长梁宝君、成人教育研究中心主任李俊魁、办公室副主任张少华、中国林业科学研究院科技信息研究所副所长王忠明、中国林业科学研究院资源信息研究所研究员唐小明、国家林业局湿地保护管理中心副主任鲍达明、大兴安岭林业集团公司宣传部长刘海英、驻黑龙江省专员办副专员左焕玉、北京林业大学信息学院副院长许福、北京林业大学信息中心王雁军的大力支持和有效指导，吸取了许多同仁的经验，在此谨表谢意。

由于时间仓促，作者水平有限，难免有不当之处、错误之处，祈望读者指正。笔者 E-mail：shiyan@forestry.gov.cn。

石　焱

2016 年 1 月

目 录
Contents

ONE

▼

信息技术知识与互联网篇 50 问

01 什么是信息?

信息（Information）是关于客体（如事实、事件、事物过程或思想）的表达，是事物存在的方式或运动的状态以及这种方式、状态的直接或间接的表述。这里所说的事物泛指一切可能的研究对象，可以是外部世界的物质客体，也可以是主观世界的意识活动。信息是指有新内容、新知识的消息，是经过加工以后对客观世界产生影响的数据。具有事实性、时效性、不相关性、等级性。

信息是指音信、消息、通信系统传输和处理的对象，泛指人类社会传播的一切内容。人通过获得、识别自然界和社会的不同信息来区别不同事物，得以认识和改造世界。在一切通信和控制系统中，信息是一种普遍联系的形式。

02 什么是数据?

数据（Data）是记录客观事物的、可鉴别的符号，是我们通过观察、实验或计算得出的结果。数据本身无意义，具有客观性。数据有很多种，最简单的就是数字。数据也可以是文字、图像、声音等。数据可以用于科学研究、设计、查证等。

03 数据与信息的关系有哪些?

数据（Data）与信息（Information）既有联系，又有区别，主要表现在：

① 信息是加工后的数据。数据是反映客观事物属性的记录，是信息的具体表现形式。信息是一种经过选摘、分析、综合的数据，它使用户可以更清楚地了解正在发生什么事。所以，数据是原材料，信息是产品，信息是数据的含义，信息需要经过数字化转变成数据才能存储和传输。

② 数据和信息是相对的。表现在一些数据对某些人来说是信息，而对另外一些人而言则可能只是数据。例如，在运输管理中，运输单对司机来说是信息，这是因为司机可以从该运输单上知道什么时候要为哪些客户运输什么物品。而对负责经营的管理者来说，运输单只是数据，因为从单张运输单中，他无法知道本月经营情况，他并不能掌握现有可用的司机、运输工具等。

③ 信息是观念上的。因为信息是加工了的数据，所以采用什么模型（或公式）、多长的信息间隔时间来加工数据以获得信息，是受人对客观事物变化规律的认识制约，是由人确定的。因此，信息是揭示数据内在的含义，是观念上的。

04 什么是信息化?

信息化（Informatization）代表了一种信息技术被高度应用，信息资源被高度共享，从而使得人的智能潜力以及社会物质资源潜力被充分发挥，个人行为、组织决策和社会运行趋于合理化的理想状态。同时，信息化也是 IT 产业发展与 IT 在社会经济各部门扩散的基础之上，不断运用 IT 改造传统的经济、社会结构从而通往理想状态的一段持续的过程。

05　什么是"三网融合"？

"三网融合"（Triple Play / Integration of Three Networks）是指电信网、广播电视网、互联网在向宽带通信网、数字电视网、下一代互联网演进过程中，三大网络通过技术改造，其技术功能趋于一致，业务范围趋于相同，网络互联互通、资源共享，能为用户提供语音、数据和广播电视等多种服务。"三合"并不意味着三大网络的物理合一，而主要是指高层业务应用的融合。"三网融合"应用广泛，遍及智能交通、环境保护、政府工作、公共安全、平安家居等多个领域。

06　什么是"两化融合"？

"两化融合"（Integrate IT Application With Industrialization）是信息化和工业化的高层次的深度结合，是指以信息化带动工业化、以工业化促进信息化，走新型工业化道路。"两化融合"的核心就是信息化支撑，追求可持续发展模式。

07　什么是信息技术？

广义而言，信息技术（Information Technology）是指能充分利用与扩展人类信息器官功能的各种方法、工具与技能的总和。该定义强调的是从哲学上阐述信息技术与人的本质关系。

中义而言，信息技术是指对信息进行采集、传输、存储、加工、表达的各种技术的总和。该定义强调的是人们对信息技术功能与过程的一般理解。

狭义而言，信息技术是指利用计算机、网络、广播电视等各种硬件设备及软件工具与科学方法，对文、图、声、像各种信息进行获取、加工、存储、传输与使用的技术的总和。该定义强调的是信息技术的现代化与高科技含量。

08 什么是信息产业？

信息产业（Information Industry）特指将信息转变为商品的行业，它不但包括软件、数据库、各种无线通信服务和在线信息服务，还包括了传统的报纸、书刊、电影和音像产品的出版，而计算机和通信设备等的生产将不再包括在内，被划为制造业下的一个分支。

09 什么是信息社会？

信息社会（Information Society）也称信息化社会，是脱离工业化社会以后，信息将起主要作用的社会。在农业社会和工业社会中，物质和能源是主要资源，所从事的是大规模的物质生产。而在信息社会中，信息成为比物质和能源更为重要的资源，以开发和利用信息资源为目的，信息经济活动迅速扩大，逐渐取代工业生产活动而成为国民经济活动的主要内容。

10 什么是互联网？

互联网（Internet）是网络与网络之间所串连成的庞大网络，

这些网络以一组通用的协议相连，形成逻辑上的单一巨大国际网络。这种将计算机网络互相联接在一起的方法称作"网络互联"，在此基础上发展出覆盖全世界的全球性互联网络称为互联网，即互相连接在一起的网络结构。互联网并不等同万维网，万维网只是一个基于超文本相互链接而成的全球性系统，且是互联网所能提供的服务其中之一。

互联网的六个特点：一是实时交互性，可随时通过网络和网友及时互动；二是资源共享，可使用同一个资源，最大限度地节省成本，提高效率；三是超越时空，不受时间和空间的限制；四是个性化，每个人可以在网上发表自己独到的、稀奇古怪的创意；五是人性化，很多方面都是按人性化标准来进行的；六是公平性，在互联网上发布和接受信息是平等的，互联网上不分地段、不讲身份、机会平等。

11　什么是互联网思维？

互联网思维（Internet Thinking）就是在大数据、云计算等科技不断发展的背景下，对市场、用户、产品、企业价值链乃至对整个商业生态进行重新审视的思考方式。互联网时代的思考方式不局限在互联网产品、互联网企业。这里指的互联网，不单指桌面互联网或者移动互联网，是泛互联网，因为未来的网络形态一定是跨越各种终端设备的，如台式机、笔记本、平板、手机、手表、眼镜等。互联网思维是降低维度，让互联网产业低姿态主动去融合实体产业。互联网思维就是要对传统的工业思维进行颠覆，消费者已经反客为主，拥有了消费主权。在消费者主权的大时代下，消费信息越来越对称，价值链上的传统利益集团越来越难巩固自身的利益壁垒，传统的品牌霸权和零售霸权逐渐丧失发号施令的能力。话语权从零售商转移到消费者手中，未来全球消费者共同参与、共同分享的开放架构正在形成。这一权力重心的变化，赋予每个消费者改变世界的力量，主动邀请顾客参与到从创意、设计、生产到销售的整个价值链创造中来。

12 什么是泛互联网？

泛互联网是指使信息和服务通过当下可能的技术和手段在计算设备、通信设备、机器、人之间传递和交付的网络，包括物联网、车联网、人工智能等相关网络技术和设备。互联网将逐步深刻影响社会的生产力和生产关系，现阶段传统企业正在被互联网化，而下一阶段人和物也将被互联网化。

13 什么是"互联网＋"？

"互联网＋"（Internet＋）是创新 2.0 下的互联网发展的新业态，是知识社会创新 2.0 推动下的互联网形态演进及其催生的经济社会发展新形态。"互联网＋"是互联网思维的进一步实践成果，它代表一种先进的生产关系，推动经济形态不断地发生演变，从而带动社会经济实体的生命力，为改革、创新、发展提供广阔的网络平台。通俗来说，"互联网＋"就是"互联网＋各个传统行业"，但这并不是简单的两者相加，而是利用信息通信技术以及互联网平台，让互联网与传统行业进行深度融合，创造新的发展生态。几十年来，"互联网＋"已经改造及影响了多个行业，当前大众耳熟能详的电子商务、互联网金融、在线旅游、在线影视、在线房产等行业都是"互联网＋"的体现，也就是用互联网融合其他传统产业发展。

14 什么是创新 2.0？

创新 2.0（Innovation 2.0），简单地说就是以前创新 1.0 的升级，1.0 是指工业时代的创新形态，2.0 则是指信息时代、知识社会的创新形态，是面向知识社会的下一代创新。创新 2.0 推动了科技创新主体由"产学研"向"政产学研用"，再向"政用产学研"协同发展的转变。专业点说即面向知识社会的下一代创新，它的应用可以让人了解目前由于信息通信技术发展给社会带来深刻变革而引发的科技创新模式的改变——从专业科技人员实验室研发出科技创新成果后用户被动使用，到技术创新成果的最终用户直接或通过共同创新平台参与技术创新成果的研发和推广应用全过程。面向知识社会的科学 2.0、技术 2.0 和管理 2.0 三者的相互作用共同塑造了面向知识社会的创新 2.0 引擎。创新 2.0 是知识社会条件下以人为本的典型创新模式，其例子包括 Web 2.0、开放源代码、自由软件以及麻省理工学院提出的微观装配实验室等。

15　什么是云计算？

云计算（Cloud Computing）是基于互联网的相关服务的增加、使用和交付模式，通常涉及通过互联网来提供动态易扩展且经常是虚拟化的资源。云是网络、互联网的一种比喻说法。过去在图中往往用云来表示电信网，后来也用来表示互联网和底层基础设施的抽象。因此，云计算甚至可以让你体验每秒 10 万亿次的运算能力，拥有这么强大的计算能力可以模拟核爆炸、预测气候变化和市场发展趋势。用户通过台式机、笔记本、手机等方式接入数据中心，按自己的需求进行运算。现阶段广为接受的是美国国家标准与技术研究院（NIST）的定义：云计算是一种按使用量付费的模式，这种模式提供可用的、便捷的、按需的网络访问，进入可配置的计算资源共享池（资源包括网络、服务器、存储、应用软件、服务），这些资源能够被快速提供，只需投入很少的管理工作，或与服务供应商进行很少的交互。

16 什么是移动互联网?

移动互联网（Mobile Internet）就是将移动通信和互联网二者结合起来，成为一体，是指互联网的技术、平台、商业模式和应用与移动通信技术结合并实践的活动的总称。

17 什么是物联网?

物联网（Internet of Things）是新一代信息技术的重要组成部分，也是"信息化"时代的重要发展阶段。物联网就是物与物相连的互联网。这有两层含义：其一，物联网的核心和基础仍然是互联网，是在互联网基础上的延伸和扩展的网络；其二，其用户端延伸和扩展到了任何物品与物品之间，进行信息交换和通信，也就是物物相联。物联网通过智能感知、识别技术与普适计算等通信感知技术，广泛应用于网络的融合中，因此也被称为继计算机、互联网之后世界信息产业发展的第三次浪潮。

18 什么是大数据?

大数据（Big Data）是一种规模大到在获取、存储、管理、分析方面大大超出了传统数据库软件工具能力范围的数据集合，具有数据规模海量、数据流转快速、数据类型多样和价值密度低四大特征。大数据分析（Big Data Analysis）是指对规模巨大的数据进行分析。大数据的 5V 特点（IBM 提出）：Volume（大量）、Velocity（高速）、Variety（多样）、Value（价值）、Veracity（真实性）。

19　什么是智慧城市？

智慧城市（Smart City）就是运用信息和通信技术手段感测、分析、整合城市运行核心系统的各项关键信息，从而对包括民生、环保、公共安全、城市服务、工商业活动在内的各种需求做出智能响应。其实质是利用先进的信息技术，实现城市智慧式管理和运行，进而为城市中的人创造更美好的生活，促进城市的和谐、可持续成长。

20　什么是"三微一端"？

"三微"是指微博、微信、微视。

微博（Weibo），即微型博客（MicroBlog）的简称，也即是博客的一种，是一种通过关注机制分享简短实时信息的广播式的社交网络平台，是基于用户关系信息分享、传播以及获取的平台。用户可以通过 WEB、WAP 等各种客户端组建个人社区，以 140 字（包括标点符号）的文字更新信息，并实现即时分享。微博作为一种分享和交流平台，其更注重时效性和随意性。微博更能表达出每时每刻的思想和最新动态，而博客则更偏重于梳理自己在一段时间内的所见、所闻、所感。因微博而诞生出微小说这种小说体裁。

微信（WeChat）是腾讯公司推出的一个为智能终端提供即时通信服务的免费应用程序，微信支持跨通信运营商、跨操作系统平台通过网络快速发送免费（需消耗少量网络流量）语音短信、视频、图片和文字。

微视是腾讯旗下短视频分享社区。作为一款基于通讯录的跨终端跨平台的视频通话软件，其微视用户可通过 QQ 号、腾讯微博、微信以及腾讯邮箱账号登录，可以将拍摄的短视频同步分享到微信好友、朋友圈、QQ 空间、腾讯微博。

"一端"是指移动客户端，就是可以在手机终端运行的软件。以 APP（Application，应用程序）为常见软件，APP 又指智能手机的第三方应用程序。

21 什么是移动终端?

移动终端（Mobile Terminals）是指可以在移动中使用的计算机设备，广义地讲包括手机、笔记本、平板电脑、POS 机甚至包括车载电脑。但是大部分情况下是指具有多种应用功能的智能手机以及平板电脑。随着网络和技术朝着越来越宽带化的方向发展，移动通信产业将走向真正的移动信息时代。

22 什么是多媒体技术?

多媒体技术（Multimedia Technology）是指通过计算机对文字、数据、图形、图像、动画、声音等多种媒体信息进行综合处理和管理，使用户可以通过多种感官与计算机进行实时信息交互的技术，又称为计算机多媒体技术。

23 什么是数据挖掘?

数据挖掘（Data Mining）一般是指从大量的数据中通过算法搜索隐藏于其中的信息的过程。数据挖掘通常与计算机科学有关，并通过统计、在线分析处理、情报检索、机器学习、专家系统和模式识别等诸多方法来实现上述目标。

24 什么是电子政务?

电子政务(E-government)是指运用计算机、网络和通信等现代信息技术手段,实现政府组织结构和工作流程的优化重组,超越时间、空间和部门分隔的限制,建成一个精简、高效、廉洁、公平的政府运作模式,以便全方位地向社会提供优质、规范、透明、符合国际水准的管理与服务。

25 电子政务的应用模式及其功能是什么?

G2G(Government to Government),政府与政府间电子政务是上下级政府、不同地方政府、不同政府部门之间的电子政务,其主要的目的是打破机关组织部门的垄断和封锁,加速政府内部信息的流转与处理,克服部门间相互推诿、扯皮现象,提高政府的运作效率(G2G 包含 G2E,G2E 即政府与公务员之间的电子政务)。

G2B(Government to Business),政府与企业间电子政务是指政府可以通过网络系统高效快捷地为企业提供各种管理、服务和政府采购。其范围覆盖了从企业生产、执照办理、工商管理、纳税、企业停业破产等整个企业生命周期的信息服务和信息配套。

G2C(Government to Citizen),政府与公众间电子政务是政府通过网络系统为公民提供出生、入学、就业、社会保障、死亡等整个生命周期中各种信息服务和信息配套。

26 国家电子政务总体框架由哪些组成?

① 服务与应用系统:服务体系、优先支持业务、应用系统。
② 信息资源:信息采集及更新资源、信息公开及共享资源、

基础信息资源。

③ 基础设施：国家电子政务网络、政府信息资源目录体系与交换体系、信息安全基础设施。

④ 法律法规与标准化体系。

⑤ 管理体制。

27 什么是电子商务？

电子商务（E-commerce）是以信息网络技术为手段，以商品交换为中心的商务活动；也可理解为在互联网、企业内部网和增值网上以电子交易方式进行交易活动和相关服务的活动，是传统商业活动各环节的电子化、网络化、信息化。

电子商务通常是指在全球各地广泛的商业贸易活动中，在因特网开放的网络环境下，基于浏览器/服务器应用方式，买卖双方不谋面地进行各种商贸活动，实现消费者的网上购物、商户之间的网上交易和在线电子支付以及各种商务活动、交易活动、金融活动和相关的综合服务活动的一种新型的商业运营模式。

28 什么是 RS？

RS（Remote Sensing）即遥感，是指非接触的、远距离的探测技术。一般指运用传感器或遥感器对物体的电磁波的辐射、反射特性的探测。

29 什么是 GIS？

GIS（Geographic Information System）即地理信息系统，有时又称为"地学信息系统"。它是一种特定的十分重要的空间信息系统。它是在计算机硬、软件系统支持下，对整个或部分地球表层（包括大气层）空间中的有关地理分布数据进行采集、存储、管理、运算、分析、显示和描述的技术系统。

30　什么是 GPS?

GPS（Global Positioning System）即全球定位系统。GPS 起始于 1958 年美国军方的一个项目，1964 年投入使用。20 世纪 70 年代，美国陆海空三军联合研制了新一代卫星定位系统 GPS。主要目的是为陆海空三大领域提供实时、全天候和全球性的导航服务，并用于情报搜集、核爆监测和应急通信等一些军事目的，经过 20 余年的研究实验，耗资 300 亿美元。到 1994 年，全球覆盖率高达 98% 的 24 颗 GPS 卫星星座已布设完成。

31　什么是北斗导航系统?

北斗导航系统（BDS，Beidou Navigation Satellite System）是中国自行研制的全球卫星导航系统，是继美国全球定位系统（GPS）、俄罗斯格洛纳斯卫星导航系统（GLONASS）之后第三个成熟的卫星导航系统。北斗导航系统和美国 GPS、俄罗斯 GLONASS、欧盟 GALILEO 是联合国卫星导航委员会已认定的供应商。

32　什么是人工智能?

人工智能（Artificial Intelligence）是研究、开发用于模拟、延伸和扩展人的智能的理论、方法、技术及应用系统的一门新的技术科学。人工智能是计算机科学的一个分支，它企图了解智能的实质，并生产出一种新的能与人类智能相似的方式做出反应的智能机器，该领域的研究包括机器人、语言识别、图像识别、自然语言处理和专家系统等。

33 什么是虚拟现实？

虚拟现实（Virtual Reality）是把客观上存在的或不存在的东西，运用计算机技术，在用户眼前生成一个虚拟的环境，使人感到像真实存在。

34 什么是虚拟仿真？

虚拟仿真技术（Virtual Simulation Technology）是虚拟现实与仿真技术相结合的计算机技术，它是 20 世纪 90 年代逐渐兴起的综合计算机图形学、计算机模拟与仿真、传感器技术、显示技术等许多计算机技术的基础上发展起来的一种计算机应用新领域，仿真技术和模拟技术是虚拟现实的关键技术。

35 什么是信息系统？

信息系统（Information System）是由计算机硬件、网络和通信设备、计算机软件、信息资源、信息用户和规章制度组成的以处理信息流为目的的人机一体化系统。

36 什么是数据库？

数据库（Database）是按照数据结构来组织、存储和管理数据的仓库，它产生于距今 60 多年前，随着信息技术和市场的发展，特别是 20 世纪 90 年代以后，数据管理不再仅仅是存储和管理数据，而转变成用户所需要的各种数据管理的方式。数据库有很多种类型，从最简单的存储有各种数据的表格到能够进行海量数据存储的大型数据库系统都在各个方面得到了广泛的应用。

37　什么是数据库管理系统？

数据库管理系统（DBMS，Database Management System）是一种用于控制数据库中数据的组织、存储、检索、安全和完整性的一种软件，它管理和控制数据资源，接收应用程序的请求并引导操作系统传输恰当的数据。

38　什么是专家系统？

专家系统（Expert System）是模拟专家解决某领域问题的计算机软件系统，模拟专家推理、规划、设计、思考和学习等思维活动，解决专家才能解决的复杂问题。根据领域的不同，专家系统可分为很多种不同的系统，如育苗专家系统、森林病害诊断与防治专家系统、森林培育专家系统等。

39　什么是决策支持系统？

决策支持系统（Decision Support System）是以管理科学、经济学、运筹学等为基础，以网络技术、数据库技术、地理信息技术、可视化与仿真技术等信息技术为手段，面对专业领域问题，辅助管理决策者进行决策活动，具有智能作用的人机交互信息系统。根据领域的不同，决策支持系统可分为很多种不同的系统，如区域综合治理技术决策系统、水源保护智能决策支持系统等。

40 什么是 ERP 系统?

ERP 系统(Enterprise Resource Planning System)即企业资源计划系统,是指在信息技术基础上,以系统化的管理思想,为企业决策层及员工提供决策运行手段的管理平台。

41 什么是 CRM?

CRM(Customer Relationship Management)即客户关系管理,是指通过培养企业的最终客户、分销商和合作伙伴对企业及其产品更积极的偏爱和喜好,留住他们并以此提升企业业绩的一种营销策略。客户关系管理的目的在于促使企业从以一定的成本取得新顾客转变为想方设法留住现有顾客,从取得市场份额转变为取得顾客份额,从发展一种短期的交易转变为开发顾客的终生价值。

42 什么是系统软件?

系统软件(System Software)是指控制和协调计算机及外部设备,支持应用软件开发和运行的系统,是无需用户干预的各种程序的集合,主要功能是调度、监控和维护计算机系统;负责管理计算机系统中各种独立的硬件,使得它们可以协调工作。系统软件使得计算机使用者和其他软件将计算机当作一个整体而不需要顾及到底层每个硬件是如何工作的。系统软件主要包括操作系统和驱动程序。

43 什么是应用软件?

应用软件(Application Software)是和系统软件相对应的,是用户可以使用的各种程序设计语言,以及用各种程序设计语言编制的应用程序的集合,分为应用软件包和用户程序。应用软件包是利用计算机解决某类问题而设计的程序的集合,供多用户使用。应用软件是为满足用户不同领域、不同问题的应用需求而提供的那部分软件。它可以拓宽计算机系统的应用领域,放大硬件的功能。

44 什么是操作系统?

操作系统(Operating System)是用户和计算机的接口,同时也是计算机硬件和其他软件的接口。操作系统的功能包括管理计算机系统的硬件、软件及数据资源,控制程序运行,改善人机界面,为其他应用软件提供支持,让计算机系统所有资源最大限度地发挥作用,提供各种形式的用户界面,使用户有一个好的工作环境,为其他软件的开发提供必要的服务和相应的接口等。实际上,用户是不用接触操作系统的,操作系统管理着计算机硬件资源,同时按照应用程序的资源请求分配资源,如划分 CPU 时间、开辟内存空间、调用打印机等。

45 什么是驱动程序?

驱动程序(Driver Program)一般指的是设备驱动程序,是一种可以使计算机和设备通信的特殊程序。相当于硬件的接口,操作系统只有通过这个接口,才能控制硬件设备的工作,假如某设备的驱动程序未能正确安装,便不能正常工作。因此,驱动程序被比作"硬件的灵魂""硬件的主宰""硬件和系统之间的桥梁"等。

46 什么是工作站?

工作站(Workstation)是一种高端的通用微型计算机。它是为了便于单用户使用并提供比个人计算机更强大的性能，尤其是在图形处理能力、任务并行方面的能力。通常配有高分辨率的大屏、多屏显示器及容量很大的内存储器和外部存储器，并且具有极强的信息和高性能的图形、图像处理功能的计算机。另外，连接到服务器的终端机也可称为工作站。

47 什么是服务器？

服务器（Server）是在网络上提供资源并对这些资源进行管理的计算机。所谓资源是指被服务器提供到网络上，供工作站使用的硬件、软件、数据库等。资源可以是一个文件、文件夹、打印机、网页等。服务器可分为 WWW 服务器、E-mail 服务器、数据库服务器、DNS 服务器等。

48 什么是顶层设计？

顶层设计（Top-down Design）是运用系统论的方法，从全局的角度，对某项任务或者某个项目的各方面、各层次、各要素统筹规划，以集中有效资源，高效快捷地实现目标。

顶层设计的特征：一是顶层决定性，顶层设计是自高端向低端展开的设计方法，核心理念与目标都源自顶层，因此顶层决定底层，高端决定低端；二是整体关联性，顶层设计强调设计对象内部要素之间围绕核心理念和顶层目标所形成的关联、匹配与有机衔接；三是实际可操作性，设计的基本要求是表述简洁明确，设计成果具备实践可行性，因此顶层设计成果应是可实施、可操作的。

49 什么是客户机/服务器模式？

客户机/服务器（Client/Server，C/S）结构软件分为客户机和服务器两层，客户机不是毫无运算能力的输入、输出设备，而是具有了一定的数据处理和数据存储能力，通过把应用软件的计算和数据合理地分配在客户机和服务器两端，可以有效地降低网络通信量和服务器运算量。由于服务器连接个数和数据通信量的限制，这种结构的软件适于在用户数目不多的局域网内使用。国内的大部分 ERP 软件产品即属于此类结构。

50　什么是浏览器/服务器模式？

浏览器/服务器（Brower/Server，B/S）结构是随着 Internet 技术的兴起，对 C/S 结构的一种变化或者改进的结构。在这种结构下，用户界面完全通过 WWW 浏览器实现，一部分事务逻辑在前端实现，但是主要事务逻辑在服务器端实现，形成所谓 3-tier 结构。B/S 结构主要是利用了不断成熟的 WWW 浏览器技术，结合浏览器的多种脚本语言（VBScript、JavaScript 等）和 ActiveX 技术，用通用浏览器就实现了原来需要复杂专用软件才能实现的强大功能，并节约了开发成本，是一种全新的软件系统构造技术。随着各操作系统将浏览器技术植入操作系统内部，这种结构更成为当今应用软件的首选体系结构。

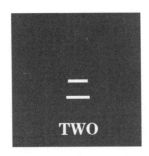

TWO

▼

Office 2010 办公技巧篇 80 问

01　Word 中如何快速插入特殊符号?

通过快捷键可以解决特殊符号快速输入的问题。

① 颠倒的问号:【Ctrl】＋【Shift】＋【Alt】＋【?】。

② 颠倒的感叹号:【Ctrl】＋【Shift】＋【Alt】＋【!】。

③ 版权符:【Ctrl】＋【Alt】＋【C】。

④ 注册符:【Ctrl】＋【Alt】＋【R】。

⑤ 商标符:【Ctrl】＋【Alt】＋【T】。

02　Word 中如何在较长的文档中快速找到上次修改的位置?

首先打开需要修改的文档,然后按【Shift】＋【F5】组合键,光标就会迅速地移到上次结束修改的位置上。

03 **Word 中如何快速重复刚刚输入的文字和图形?**

按一下【F4】键就可以轻松地解决这个问题。例如,刚刚输入 "林业信息化",现在需要再一次输入 "林业信息化" 则只需按【F4】键即可。

04 **Word 中如何快速选定文档内容?**

按住【Ctrl】键,用鼠标单击文档窗口左侧的空白区域,可以快速地选定整个文档内容。

按住【Ctrl】键,用鼠标单击某一个文本区,可以快速地选定一个句子(以句号为标记)。

用鼠标双击某一个段落左侧空白区域,可以快速地选定该段落的文档内容。

05 **Word 中如何显示过宽文档?**

① 在 Word 2010 窗口中,单击【文件】→【选项】命令。

② 在弹出的【Word 选项】页面框中选择【高级】选项卡。

③ 选中【高级】选项卡后,下拉右边的滚动条,使界面停留在【显示文档内容】选项组,然后选中组中的【文档窗口内显示文字自动换行】,最后单击【确定】即可。

06 **Word 中如何使用格式刷快速设置格式?**

使用格式刷可以快速地复制选定对象或文本的格式、字号、字体、颜色等,并将其应用到随后选中的对象或文本中去。具体的操作步骤如下：

① 选择需要复制格式的对象或文本。

② 如果只复制一次格式，可单击【格式刷】按钮；如果要多次复制格式，可双击【格式刷】按钮。

③ 选择希望应用该格式的对象或文本，格式将自动应用到该对象或文本上。

④ 复制格式对象或文本后，单击【格式刷】按钮或按下【Esc】键可关闭格式刷。

07 如何去掉 Word 文档中段落前的小黑点？ ▬

① 在 Word 2010 中，单击【文件】→【选项】命令。

② 在弹出的【Word 选项】页面框中选择【显示】选项卡，把【段落标记】前面的对勾取消，单击【确定】即可。

08 如何在 Word 中只粘贴网页中的文字？ ▬

① 在网页中选中需要复制的内容，在 Word 2010 中的【开始】选项卡中的【粘贴】按钮下的小三角，选择【选择性粘贴】命令。

② 弹出【选择性粘贴】对话框在形式栏内选择"无格式文本"，单击【确定】。

09 如何在全篇 Word 文档中修改同一个字？ ▬

打开 Word 文档，按【Ctrl】＋【A】，然后按【Ctrl】＋【H】快捷键，在弹出的【查找和替换】窗口中，在【查找内容】中输入修改前的字，在【替换为】中输入修改后的字，单击【全部替换】按钮即可。

10 如何在 Word 文档中不让输入的字自动覆盖后面的字？

因为 Word 处于改写模式，所以输入的内容会自动覆盖后面的文字，可在 Word 文档最下面的状态栏（不是任务栏）的黑色的"改写"上单击，使其变为"插入"，或者按键盘上的【Insert】键即可。

11 Word 中，如何删除页眉中出现的横线？

① 在添加页眉和输入标题文字之后，页眉下面的横线还在，全选标题文字。

② 在【开始】菜单的【段落】选项卡中，单击【下框线】图标，在下拉选项中选择并点击【无框线】命令。或在【开始】菜单的【样式】选项卡下拉列表中，选择【清除格式】命令即可。

12 Word 中，如何删除文档中空白页？

① 将鼠标放在前一页的最后，用【Delete】键删除。

② 如果后面有空白是上一页内容过多导致的，一般可以把鼠标点到空白面上，然后按【Backspace】键，退回有内容的那一面，空白的就没有了，如果还存在，稍微调整一下上一页内容即可。

③ 如果空白页删除不了，多半是因为有分页符，而默认分页符又不显示，将鼠标定位在前一页文字后面，然后按【Delete】键删除就可以了，如果按一下不行就按两下。

13 **如何将 Word 文档转换成 PDF 格式?** ━━━

① 用 Word 2010 打开 Word 文档。

② 单击左上角的【文件】菜单的【另存为】命令,在弹出的对话框中"保存类型",选择"PDF（*.pdf)",单击【保存】。

14 **如何插入分页符? 如何设置分页? 如何利用分页符为 Word 长文档分页,每页的格式不影响下一页?**

① 将光标放置在需要插入分页符的位置,单击【插入】选项卡中的【分页】按钮。

② 依次点击菜单栏的【页面布局】→【页面设置】组的【分隔符】→【分页符】即可。

③ 在打开的长文档中,将光标放置每一页的最后,插入【分隔符】→【下一页】命令,插入页码,在页码处双击鼠标进入编辑状态,依次点击菜单栏的【页眉页脚工具】→【导航】组的【链接到前一条页眉】按钮,取消每页之间链接即可。

15 **如何在 Word 中从第三页开始设置页码?** ━━━

① 在第二页后插入【分隔符】→【下一页】命令。

② 插入页码,在页码处双击鼠标进入编辑状态,依次点击菜单栏的【页眉页脚工具/设计】→【导航】组的【链接到前一条页眉】按钮,取消每页之间链接。

③ 依次点击菜单栏的【页眉页脚工具/设计】→【页码】组的【设置页码格式】命令,在弹出的【页码格式】窗口中的"页码编号"中选择"起始页码"为 3。

16 **如何微调文字的字号？如何设置字号下拉列表中没有的字号？**

选择文字，依次点击【开始】→【字体】的字号栏中输入列表中没有字号，按【Enter】键。如输入 14.5，单位为磅，单击【Enter】键即可。

17 **为什么在 Word 中插入的所有图片都变成了大红叉？**

Word 会用红叉或圆、方块、三角形等图形来显示它无法显示的对象，插入的图片变成了大红叉可能是插入的图片的路径发生了改变。双击图片打开图片编辑器，然后复制图片，将其重新粘贴进 Word 文档。

18 **如何删除电子邮箱地址下面的下划线？**

选中文档中的电子邮箱地址文本，按快捷键【Ctrl】＋【Shift】＋【F9】取消域的链接，或点击鼠标右键在快捷菜单中选择"取消超级链接"命令。

19 **如何在 Word 中插入脚注？**

脚注和尾注用于在打印文档中为文档中的文本提供解释、批注以及相关的参考资料。可用脚注对文档内容进行注释说明，而用尾注说明引用的文献。将光标放在要插入的文本后面，选择【引用】→【插入脚注】按钮，在当前页面下方出现了一条横线和一个序号，在该序号后面输入想要加注释的文本。

20 如何在 Word 中使用批注和修订功能？ ━━━

为 Word 的某个文本（如一个新名词、一个英文缩写等）加以注释，而又不想让注释出现在文档中时，添加批注。将光标移至需要添加批注的地方或者选中需要添加批注的段落，在【审阅】选项卡下单击【批注】选项组中的【新建批注】按钮，将光标移至文本框中，直接输入批注。添加修订时，在功能区【审阅】选项卡下单击【修订】选项组中的【修订】下拉按钮。

21 如何在 Word 文档显示或消除文档修改痕迹？

打开文档后，点击【审阅】标签下的【显示标记】，根据需要选中"批注""墨迹""插入和删除""设置格式"等。

22 如何在 Word 中输入阿拉伯数字转换成大写汉字？

选中需要转换的数字，选择【插入】→【编号】，在编号对话框中，选择"壹，贰，叁……"类型即可。

23 如何在 Word 中快速创建各种常见线型？ ━━━

连续输入以下符号，按【Enter】键出现相应的线形。
① "---（3 个减号）"是实心单线。
② "＿＿＿（3 个下划线）"是实心加粗线。
③ "===（3 个等号）"是实心双线。

④ "###（3 个#号）"是加粗黑心线。

⑤ "~~~（3 个~号）"是波浪线。

⑥ "***（3 个*号）"是省略线。

24　如何改变文档默认的存储位置？ ▰▰▰▰▰

单击【文件】→【选项】命令，在弹出的【Word 选项】对话框，选择【保存】选项卡中的保存文档的【默认文件（位置）】修改为自己想保存的位置即可。

25　如何设置自动保存 Word 文档？ ▰▰▰▰▰

单击【文件】→【选项】命令，在弹出的【Word 选项】对话框，选择【保存】选项卡中的保存文档，设置【保存自动恢复信息时间间隔为 10 分钟】，勾选【如果我没保存就关闭，请保留上次自动保留的版本】选项。

26　如何在 Word 文档中添加书签？ ▰▰▰▰▰

书签主要用于帮助用户在 Word 长文档中快速定位至特定位置，或者引用同一文档（也可以是不同文档）中的特定文字。在 Word 2010 文档中，文本、段落、图形图片、标题等都可以添加书签。选择作为书签的文档的开头或全部，单击【插入】→【链接】→【书签】按钮，打开【书签】对话框，输入书签名，然后点击添加即可。

27　如何利用拆分窗口的方法快速复制文本？ ▰▰▰▰▰

单击【视图】→窗口选项组的【拆分】按钮，在需要修改的内容处点击鼠标，将窗口拆分为上下两个窗口，把上窗口作为选择文本窗口，下窗口作为需要复制到的文本窗口，这样就可以把需要复制的句子粘贴到相应的位置上。

28 如何在 Word 中修改文档中的字间距/行间距？

选定需要调整的文本，单击【开始】→【字体】按钮，在【字体】对话框中【高级】选项卡中，在【间距】下拉列表中选择【加宽】，设置【磅值】大小。

29 如何将多位作者修订的 Word 文档合并成一个？

选择【审阅】→【比较】按钮，在下拉列表中选择【并合】，在弹出的对话框中选择要比较的原文档和修订的文档，单击【确定】即可。

30 如何使用【打印机】的按纸型缩放打印？

依次点击【文件】→【打印】→【设置】→【每版打印一页】右下角的三角展开下拉列表，选择【缩放至纸张大小】，然后根据自己的需求选择纸张大小（如选择 B5 纸），然后点击页面左上角的【打印】按钮进行打印即可。

31 如何利用【稿纸向导】生成稿纸格式？

新建文档，把页边距先设置好，依次点击【页面布局】→【稿纸设置】按钮，在【稿纸设置】选项卡中把【格式】设置成【方格式稿纸】，选择行数列数、边框的颜色，单击【确定】后生成稿纸文件。

32　如何快速删除文档中的空格或空行？ ▬▬▬

选择需要删除空格的文本，按【Ctrl】＋【H】快捷键，在弹出的【查找和替换】对话框中选择【替换】选项卡，在【查找内容】框中输入"空格"键或"^p"，在"替换为"框中不需要进行任何操作，然后单击【确定】即可。

33　如何使用【Insert】键实现粘贴功能？ ▬▬▬

单击【文件】→【选项】命令，打开【Word 选项】对话框，切换到【高级】选项卡。在【剪切、复制和粘贴】区域选中【用Insert 粘贴】复选框，并单击【确定】按钮。

34　如何在 Word 中将任意一页变为横向方向？ ▬▬

将鼠标光标定位在需要修改方向的页面上，依次点击【页面布局】→【页面设置】按钮，打开【页面设置】对话框的【页边距】选项卡中的【应用于】选择【插入点之后】，【纸张方向】设置为"纵向"，最后将后一页纸张方向设置为"横向"。

35　如何将一个表格拆分为两个表格？ ▬▬▬

将光标放置在需要拆分的行内，在键盘上按住【Ctrl】＋【Shift】＋【Enter】。

36 在 Excel 中出现"#DIV/0!"错误信息是什么含义？

"#DIV/0!"的意思是：除数为"0"所以结果无意义。只要修改单元格引用，或者在用作除数的单元格中输入不为零的值即可。

37 如何在 Excel 中快速插入系统当前日期或时间？

① 插入当前的日期，选定单元格后按【Ctrl】＋【；】键，然后按【Enter】键。

② 插入当前的时间，选定单元格后按【Ctrl】＋【Shift】＋【；】键，然后按【Enter】键。

38 如何隐藏 Excel 工作表中的重要数据？

选中需要隐藏重要数据的单元格，单击右键，选择快捷菜单下的【设置单元格格式】命令，在对话框中选择【数字】标签下【分类】下的【自定义】选项，在右侧【类型】下面的输入框中输入三个英文状态下的分号"；；；"。

39 如何快速在 Excel 的多个单元格中输入同一个公式？

① 按住【Ctrl】键，将需要输入公式的多个单元格一次性选中。

② 单击【F2】功能键，在公式编辑栏中输入相应的公式，并按下【Ctrl】＋【Enter】组合键，所有选中的单元格中都会显示相同的公式。

40 在 Excel 中设计好表格后，发现行和列的位置需要调换，应如何进行行列转换？

选中要进行转换的表格数据，点击【开始】功能区中的【复制】按钮。点击要放置数据的单元格位置，单击【粘贴】→【选择性粘贴】项。在弹出的【选择性粘贴】窗口中，勾选【转置】项，并点击【确定】按钮即可。

41 如何在 Excel 中建立垂直标题？

选择需要设置垂直标题的单元格区域，单击右键，在快捷菜单中选择【设置单元格格式】命令，在弹出的对话框中选择【对齐】选项卡，设置【方向】为 90 度，勾选【合并单元格】选项，如图 2-1 所示。

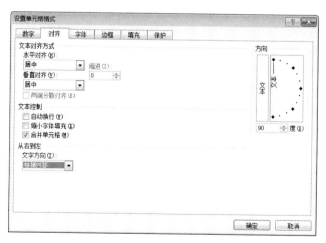

图 2-1 【对齐】选项卡

如何在 Excel 中复制后只粘贴单元格里面的数值?

单击【自定义快捷访问工具栏】按钮，在下拉菜单中选择【其他命令】，在【Excel 选项】对话框中，在【快速访问工具栏】中的【从下列位置选择命令】的下拉列表中选择【不在功能区中的命令】，在出现的列表中找到【粘贴值】这个命令，点击右边的【添加】按钮，单击【确定】按钮，此时该图标就会出现在 Excel 的左上角，方便以后应用。

 如何在 Excel 中输入 15 位以上的数字?

方法一：单击右键，在快捷菜单中选择【设置单元格格式】命令，在【数字】卡片的【分类】选项中选择【文本】即可。方法二：在输入数字前首先输入英文"'"单引号，如"'123456789011111"即可。

 为了使工作表美观，如何将输入的不同长短的人名列快速左右对齐?

选中输入人名的单元格，单击右键，在快捷菜单中选择【设置单元格格式】命令，在【对齐】卡片的"水平对齐"下拉列表中选中"分散对齐"即可。

 如何在多个工作表中输入相同的内容?

选中一个工作表，按住【Ctrl】键，用鼠标在工作表左下角分别选中需要输入相同数据的工作表，接着在工作表中输入相同的数据内容即可。

46 如何快速地输入数据序列？

① 在第一个单元格中输入起始数据，在下一个单元格中输入接下来的第二个数据。

② 选中这两个单元格，将鼠标移到单元格右下方，当鼠标指针变成黑十字时按住鼠标左键沿着填充的方向拖动，拖过的单元格将会自动按规定的序列进行填充。

47 如何在 Excel 中让输入的文字与单元格的宽度相匹配？

选中输入文字的单元格，单击右键，在快捷菜单中选择【设置单元格格式】命令，在【对齐】卡片中勾选【文本控制】下的【缩小字体填充】即可。

48 为了节省纸张和美观，如何把需要打印内容调整到一页上进行打印？

打开需要打印的 Excel 文档，然后单击【文件】→【打印】，在【设置】栏下，单击【无缩放】旁的小箭头；从下拉菜单中选择【将工作表调整为一页】，此时文档被缩排到一页纸上。

49 如何在工作表打印时将 Excel 软件提供的行号和列标号同时打印？

打开需要打印的工作表，单击【页面布局】→【页面设置】

右下角的向下箭头按钮，在弹出的【页面设置】对话框中选择【工作表】选项卡中勾选【行号列标】选项即可。

50 在 Excel 中如何拖动单元格到新位置，新位置的原数据自动下移？

选择要拖动的单元格，按住【Shift】键，用鼠标拖动该区域到新位置，当出现线状标识时松开鼠标左键即可。如果要实现复制并插入功能，则按住【Shift】＋【Ctrl】键的同时再拖动即可。

51 如何更改整篇 PPT 演示文稿的字体？

① 在 PowerPoint 2010 窗口中，单击【视图】→【普通视图】命令。

② 在幻灯片的左上方有个选项【大纲/幻灯片】，选择【大纲】选项。

③ 全选后设置字体即可。

52 如何在 PPT 中添加音乐或声音效果？

① 打开需要添加音乐的幻灯片，依次选择【插入】→【媒体】→【音频】。若要插入音乐文件可单击【文件中的音频】，查找包含文件的文件夹，再双击所需的音频文件；若要从剪辑管理器插入声音剪辑可单击【剪贴画音频】，移动滚动条查找所需的剪辑音频，并单击它以将其添加到幻灯片中。此时会打开一个对话框询问是否在转到幻灯片时自动播放音乐或声音，应根据实际情况选择。

② 若要调整声音文件停止时间的设置可用鼠标单击声音图标，选择【音频工具/播放】选项组中【剪裁音频】按钮，在弹出的【剪裁音频】对话框中设置声音开始与结束时间，如图 2-2 所示。

图 2-2 【剪裁音频】对话框

③ 若要在鼠标单击幻灯片时开始播放声音文件，选择【音频工具/播放】选项组中【开始】的下拉列表选项中选择【单击时】命令；若要在所有幻灯片中播放声音文件，应选择【跨幻灯片播放】命令。

④ 如果该声音文件长度不足以在幻灯片上继续播放，勾选【音频工具/播放】选项组中的【循环播放，直到停止】复选框，则可继续重复播放此声音。

53 在 PPT 中如何隐藏自动播放声音的小喇叭？

单击小喇叭图标，勾选【音频工具/播放】选项组中【放映时隐藏】复选框，则幻灯片在播放时小喇叭图标就被隐藏起来了。

54 如何在 PPT 中插入影片文件？

① 将鼠标移动到需要插入视频的幻灯片，单击【插入】选项卡，在【媒体】组中点击【视频】按钮。

② 在下拉选项中，选择【文件中的视频】选项，选择视频的位置，点击【插入】。

③ 用鼠标选中视频文件，将它移动到合适的位置，并调整合适大小，然后根据屏幕的提示直接点选【播放】按钮来播放视频，或者选中自动播放方式。

④ 若要调整视频文件播放时间的设置，可用鼠标单击视频图标，选择【视频工具/播放】选项组中【剪裁视频】按钮，在弹出的【剪裁视频】对话框中设置视频开始与结束时间。

⑤ 若要在幻灯片中未播放时隐藏，则勾选【视频工具/播放】选项组中的【未播放时隐藏】复选框即可。

55 在 PPT 中如何设置幻灯片放映的时间？

① 选中需要设定放映时间的幻灯片，单击【切换】选项卡。

② 在【计时】组中，换片方式取消【单击鼠标时】选项，选择【设置自动换片时间】选项并设置换片时间。

③ 据实际情况设置每张幻灯片的放映时间。

56 在 PPT 中如何快速建立自己的相册？

① 单击【插入】选项卡，点击【图像】组中的【相册】按钮。

② 在弹出【相册】对话框中，单击【文件/磁盘】按钮。选中需要插入的图片，最后单击【插入】。

③ 回到【相册】对话框，在【相册版式】下拉列表中选择"4张图片"，单击【创建】。单击【设计】选项卡下【主题】组中的【其他】按钮，在弹出的【选择主题或主体文档】对话框中选择相应的主题，完成后按【应用】按钮。

57 **如何在 PPT 播放过程中显示一张空白画面或让屏幕黑屏？**

在放映幻灯片的过程中，按下"W"键，会显示出一张空白画面，再按一次"W"键，就可以返回到刚才放映的那张幻灯片。按下"B"键，会显示出黑屏，再按一次"B"键，就可以返回到刚才放映的那张幻灯片。

58 **如何设置打印幻灯片的大小？**

① 单击【设计】选项卡，在页面设置组中点击【页面设置】按钮。

② 在打开的【页面设置】对话框中，设置幻灯片大小、宽度和高度，最后单击【确定】按钮即可。

59 **如何打印被隐藏的幻灯片？**

① 单击【文件】选项卡的【打印】按钮。

② 在设置选项中，单击【打印全部幻灯片】下拉按钮，勾选【打印隐藏幻灯片】复选框。

60 **如何在两个屏幕上运行演示文稿？**

① 首先将投影设备或其他幻灯片输出设备连接到笔记本或 PC 上，在 Windows 7 中按【Win】键＋【P】并选择【扩展】模式将当前笔记本或 PC 的显示器与投影显示输出设备设置为"扩

展模式"。

② 单击【幻灯片放映】选项卡的【设置幻灯片放映】按钮，在打开的【设置放映方式】对话框中，选择显示设备，再勾选【演示者示图】选项，单击【确定】按钮。

③ 播放幻灯片，屏幕上出现的则是备注提示的【演示者视图】。

61　如何在 PPT 演示文稿中保持字体样式不变?

① 单击【文件】选项卡的【选项】按钮，在打开的选项界面切换到【保存】选项卡。

② 在【共享此演示文稿时保持高真度】下，勾选【将字体嵌入文件】复选框。

③ 选择【仅嵌入演示文稿中使用的字符】，点击【确定】即可。

62　怎样将 PPT 多张幻灯片打印在一张纸上?

① 单击【文件】选项卡的【打印】按钮，进入幻灯片打印界面窗口。

② 然后点击【打印机属性】按钮，在打印机属性界面窗口中，点击【效果】按钮，选择【实际大小】。

③ 切换到【完成】选项卡，【每张打印页数】一般建议选择6 或 9，大于 9 打出的幻灯片就显得页面太小。设置好点击【打印】即可。

63　如何将 PPT 转换成 PDF 文档?

① 单击【文件】选项卡的【另存为】按钮。

②【保存类型】下拉选项中选择"PDF（*.pdf）"格式即可。

64 如何将演示文稿发布为网页？

① 在弹出的"另存为"对话框中，设置文稿的保存位置，在【文件名】的文本框中输入文稿的保存名称，最后在【保存类型】的下拉框中选择【网页】选项，最后单击【保存】按钮。

② 在弹出的【发布为网页】对话框中，点选"发布内容"组合框中的【整个演示文稿】选项，在【浏览器支持】的组合框中点选【Microsoft internet explorer 4.0 或更高（高保真）】选项，最后点击【web 选项】按钮。

弹出【web 选项】对话框，选择【常规】选项卡，勾选【添加幻灯片浏览控件】选项，并在【颜色】的下拉列表中选择【黑底白字】选项，最后勾选【重调图形尺寸以适应浏览器窗口】选项。

选择【浏览器】选项卡，在【查看此网页时使用】的下拉框中选择【Microsoft internet explorer 6 或更高版本】选项，在【选项】的组合框中勾选【允许将 PNG 作为图形格式】选项，如图所示勾选的其他两项为默认选项。然后单击【确定】关闭【web 选项】对话框。

在【发布为网页】的对话框中，单击【更改】按钮，弹出【设置页标题】对话框，在【页标题】下面的文本框中输入标题名称，然后单击【确定】。

在【发布为网页】的对话框中，单击【浏览】按钮，弹出【发布为】对话框，在【文件名】文本框中输入要发布的文件名称，在【保存类型】的下拉框中选择【单个文件网页】选项，然后单击【确定】关闭对话框。

在返回的【发布为网页】对话框中，单击【发布】按钮即可完成。

 65 在打印幻灯片时，如何单独打印其中的一张幻灯片？

① 单击【文件】选项卡选择【打印】选项。

② 单击【设置】选项下拉按钮选择【自定义范围】，在输入框内输入你想打印的幻灯片的编号，点击【打印】即可。

66 如何让每张幻灯片都出现相同的标题？

① 单击【视图】选项卡，在【母版视图】组里单击【幻灯片母版】按钮。

② 为出现的母版幻灯片设定标题。最后单击【关闭母版视图】按钮就可以了。

67 如何批量解压 WinRAR 文件？

选中需要解压的多个 rar 文件，单击鼠标右键，选择【解压每个文件到独立的文件夹】即可。

68 如何给压缩文件添加密码？

选择需要压缩的文件，单击鼠标右键，选择【添加到压缩文件】选项，切换到【常规】选项卡，单击【设置密码】按钮，在打开的输入密码对话框中，设置密码，并单击【确定】按钮即可。

69 如何用 WinRAR 把文件压缩为自解压格式？

① 单击鼠标右键，选择【添加到压缩文件】选项。在打开的【压缩文件名和参数】对话框中，勾选【创建自解压格式压缩文件】复选框，这时【压缩文件名】框中的文件扩展名变成 ".exe"。

② 切换到【高级】选项卡，单击【自解压选项】按钮。在打开的【高级自解压选项】设置对话框中，切换到【常规】选项卡，设置解压路径。

③ 切换到【设置】选项卡，设置提取前后程序。

70 为什么保存的 docx、xlsx、pptx 文件不能正常打开？

普通安装的 Office2003 无法打开 docx、xlsx、pptx 格式文件，需要下载 Office 兼容包 "File Format Converters" 并安装，就可以正常打开了。

71 磅、字符、毫米和厘米单位的设置方法及含义？

① 单击【工具】选项卡，选择【选项】菜单项。

② 单击【常规】标签页在【度量单位】处，选择厘米、英寸、磅、毫米、十二点活字，在输入框内选择需要项目，点击确认即可，如图 2-3 所示。

为 HTML 功能显示像素和使用字符单位选项的含义分别是：将对话框中默认的度量单位更改为像素单位和字符单位。

"磅"是印刷业用的单位，是衡量印刷字体大小的单位，1 磅

图 2-3 【常规】选项卡

约等于 1/72 英寸，1 英寸约为 2.54 厘米。十二点活字是 1 种印刷度量单位，等于 1 英寸的 1/6。

字符是指计算机中使用的字母、数字、字和符号，包括：1、2、3、A、B、C、～、@、#、$、%、^、&、*、(、)、－、＋，等等。1 个汉字字符存储需要 2 个字节，1 个英文字符存储需要 1 个字节，2 个数字为 1 个字节。

72 如何利用手机查看编辑 Office 文档？

① 首先下载一个工具软件——金山办公软件 WPS Office 手机版。

② 打开 WPS Office 后，点击左上角的【WPS】按钮，选择【浏览目录】进行文档选择。

③ 根据目录找到并点击打开 Word 文档进行查看和编辑。

73 如何用迅雷批量下载资源？

① 打开迅雷。

② 打开资源所在的网页。

③ 在网页空白处右键，选择【使用迅雷下载全部链接】命令即可。

 74 如何用扫描仪将多张图片扫描为 PDF 文档，而不是一张张图片？

① 运行扫描仪程序。

② 把文档放在稿台上，点击【扫描】按钮，就可以看到扫描的文件了。

③ 在文件上点击右键，转换为 PDF。需要注意，有多张图片时，要选中所有图片后再生成，如图 2-4 所示。

图 2-4　导出为 PDF 文件

④ 在弹出的窗口中选择保存位置，并写好文件的名字，单击
【保存】按钮，即显示 PDF 文件已经生成成功。

75 CAJ、PDF 文件如何打开阅读？局部内容如何进行复制？

阅读 CAJ 文件需要下载 CAJViewer 阅读器并安装，阅读 PDF 文
件需要下载 Adobe Reader（也称 PDF 阅读器）并安装。安装后，在
【工具】中有【文本选择】项，点击后可以选中部分文本实现复制。

76 IE 浏览器如何收藏网站地址？

用 IE 浏览器打开一个网站，单击【收藏夹】菜单，单击【添
加到收藏夹】在"名称"框里输入设置的名称或用系统自动加的
名称，单击【添加】按钮就可以看到在【收藏夹】里已经收藏该
网站了。

77 Alt＋PrintScreen（PrtSc）与 PrintScreen（PrtSc）键的作用是什么？

PrintScreen 是截整个屏幕内所有的画面。
Alt＋PrintScreen 是截当前选择的窗口内的画面。

78 在 Windows 中文输入方式下，如何设置输入法切换方式？

右键单击【输入法】图标，选择【设置】。在出现的【文本服

务与输入语言】对话框中切换到【高级键设置】选项卡。选择【在输入语言之间】，点击【更改按键顺序】后会出现对话框。在切换语言栏中选择对应的快捷键，点击确定即可。再按设置的快捷键就可以顺利的切换输入法了。

79 计算机的主频越高，内存越大，执行 Windows 的应用程序也越快吗？

首先了解两个概念——主频和存取速度。

① 主频：也称为时钟频率，指 CPU 在单位时间（秒）内所发出的脉冲数，单位为兆赫兹（MHz）。它在很大程度上决定了计算机的运算速度，主频越高，运算速度就越快。它是反映计算机速度的一个重要间接指标。

② 存取速度：存储器完成一次读/写操作所需的时间称为存储器的存取时间或访问时间，存储器连续进行读/写操作所允许的最短时间间隔称为存取周期。存取周期越短，则存取速度越快，它是反映存储器性能的一个重要参数。通常，存取速度的快慢决定了运算速度的快慢。半导体存储器的存取周期约为几十到几百微秒之间。

因此，主频就是 CPU 的工作频率，它等于外频×倍频，在同等条件下，主频越大，CPU 运行速度越快。

而内存就相当于硬盘和 CPU 二级缓存之间的中转站，由于硬盘的机械结构，读写速度和内存相比差距很大，中转站越大，CPU 向硬盘读取次数越少，效率也就越高。

80 什么是机器语言？

① 机器语言：是一种用二进制代码 0 和 1 形式表示的能被计

算机直接识别和执行的语言。用机器语言编写的程序，称为计算机机器语言程序。它是一种低级语言，用机器语言编写的程序不便于记忆、阅读和书写。通常不用机器语言直接编写程序。

② 汇编语言：是一种用助记符表示的面向机器的程序设计语言。汇编语言的每条指令对应一条机器语言代码，不同类型的计算机系统一般有不同的汇编语言。用汇编语言编制的程序称为汇编语言程序，机器不能直接识别和执行，必须由"汇编程序"（或汇编系统）翻译成机器语言程序才能运行。这种"汇编程序"就是汇编语言的翻译程序。

③ 高级语言：是一种比较接近自然语言和数学表达式的计算机程序设计语言。用高级语言编写的程序一般称为"源程序"，计算机不能识别和执行，要把用高级语言编写的源程序翻译成机器指令，通常有编译和解释两种方式。

三

THREE

▼

多媒体应用篇 30 问

01 什么是像素？

　　像素是数字图像的基本单元，在计算机显示器和电视机屏幕上都使用像素作为它们的基本度量单位。分辨率越高，单位面积上像素点越多（即像素点越小），图片就越清晰细腻。

02 什么是分辨率？

　　分辨率是指图像中存储的信息量的多少，是指每英寸图像内有多少个像素点，分辨率的单位为 PPI（Pixels Per Inch，像素每英寸）。例如，分辨率为 1024*768 的含义为横向有 1024 个像素点，纵向有 768 个像素点，相乘约等于 80 万像素。

03 什么是流媒体？

　　流媒体是指采用流式传输的方式在 Internet 上播放的媒体格

式。流媒体又叫作流式媒体，它是指商家用一个视频传送服务器把节目当成数据包发出，传送到网络上。

04 什么是帧速率？

帧速率（FPS，Frames Per Second）也称为帧/秒，是指每秒钟刷新图片的帧数，就是指每秒钟能够播放（或录制）多少格画面，帧速率高可以得到更流畅、更逼真的动画。

05 什么是影视后期制作？

影视后期制作就是对拍摄完的影片或者软件制作出的动画，做后期的处理，使其形成完整的影片，包括加特效、加文字、制作声音等。后期软件具体可以分为平面软件、合成软件、非线性编辑软件、三维软件。

06 什么是多媒体？多媒体数据有哪些特点？

多媒体是指一种把多种不同的但相互关联的媒体，如文字、声音、图形、图像、动画、视频等综合集成在一起而产生的一种存储、传播和表现信息的全新载体。

多媒体数据的特点主要有数据量大、数据类型繁多、相关性强和同步性、动态性。

07 标清、高清和全高清的区别是什么？

三种指的都是 VCD、DVD、电视节目等视频的清晰度，物理分辨率在 400p（p 代表逐行扫描）左右称为标清，720p 以上称为高清，达到 1080p 称为全高清标准。

 08　二维动画与三维动画的区别是什么？

　　二维动画是平面上的画面，三维动画又称 3D 动画。一个真正的三维动画，画中景物有正面，也有侧面和反面，调整三维空间的视点，能够看到不同的内容。二维动画无论如何看，画面的内容是不变的。二维与三维动画的区别主要在采用不同的方法获得动画中的景物运动效果。

 09　1920*1080 的分辨率和 1280*720 的分辨率有什么区别？

　　两者都是用来表示计算机屏幕分辨率的大小。屏幕横向有多少个点，竖向有多少个点，"横向像素×竖向像素"的积就是该计算机屏幕的像素，像素越高，精细度就越高。前者分辨率越高，计算机清晰度就越高。1920*1080 的分辨率比 1280*720 的分辨率高，显示效果好，大致为 200 万像素和 100 万像素的差别。

10　常用的颜色模式有哪些？

　　常用的颜色模式包括位图模式、灰度模式、双色调模式、HSB（表示色相、饱和度、亮度）模式、RGB（表示红、绿、蓝）模式、CMYK（表示青、洋红、黄、黑）模式、Lab 模式、索引色模式、多通道模式以及 8 位/16 位模式。

11 常用的图像处理软件有哪些？

① Photo WORKS：是一款专为自动添加照片边框而开发的软件。

② ACD See：用于图片的获取、管理、浏览、优化甚至和他人的分享。

③ Turbo Photo：面向数码相机普通用户和准专业用户而设计的一套集图片管理、浏览、处理、输出为一身的国产软件系统。

④ Photoshop CS：是一款专业图像处理软件。

12 24 位彩色为"真彩色"，其中"24 位"指的是什么？"真彩色"指什么？

计算机表示颜色用的也是二进制，24 位色被称为真彩色，它可以达到人眼分辨的极限，发色数是 1677 万多色，也就是 2 的 24 次方。32 位色并非是 2 的 32 次方的发色数，它其实也是 1677 万多色，不过它增加了 256 阶颜色的灰度，为了方便称呼，就规定它为 32 位色。少量显卡能达到 36 位色，它是 24 位发色数再加 512 阶颜色灰度。16 位色的发色总数是 65536 色，也就是 2 的 16 次方。

13 音频文件常常提到的 44.1KHz、48KHz 是什么？

KHz（千赫兹）是频率（声音每秒钟振动的次数），即：千次每秒。

它们是采样频率，采样频率是指单位时间内的采样次数。采样的三个标准频率分别为：44.1KHz 是 CD 中音频的采样、48KHz 是 DVD 中音频的采样，192KHz 是蓝光中音频的采样。

14　如何设置默认图片浏览器?

单击右键，在快捷菜单中选择【打开方式】→【选择默认程序】→【选择计算机上的程序】命令，在弹出的窗口中的【选择想用来打开此文件的程序】列表中选择默认打开图片的软件，并勾选【始终使用选择的程序打开这种文件】，单击【确定】按钮。

15　如何截取 Windows 界面并应用到 Word 中?

选择 Windows 7 附件中的【截图工具】，当鼠标指针变成【十字形】的时候选择要截图的区域，然后松开鼠标，先将截图复制到剪贴板上，再将截图复制到 Word 中。

16　如何使用 QQ 截图工具并保存为图片文件?

要保持 QQ 登录的情况下，在截图的当前页面，按快捷键【Ctrl】+【Alt】+【A】，拖动鼠标选取要截取的部分，点击在截取图片边框下方的【保存】图标。弹出保存对话框，选择好保存路径、文件名和图片格式，默认为 PNG。

17　QQ 截图默认存放在哪个文件夹中?

默认存放位置为 "C:\Users\当前用户名"，如 Think\My Pictures。

18　使用计算机自带的画图软件如何修改图片大小?

在 Windows 7 系统中打开自带软件 "画图" 软件，点击【主页】，选择【重新调整大小】选项。弹出【调整大小和扭曲】选项框，点选【像素】。去掉保持纵横比的选项勾就可以按照需要调整图片的像素大小。

19 常用的证件照片尺寸大小是多少？

① 常用证件照：1 英寸，25 mm×35 mm；2 英寸，35 mm×49 mm；3 英寸，35 mm×52 mm。

② 港澳通行证：33 mm×48 mm。

③ 赴美签证：50 mm×50 mm。

④ 日本签证：45 mm×45 mm；大二寸，35 mm×45 mm。

⑤ 护照：33 mm×48 mm。

⑥ 毕业生照：33 mm×48 mm。

⑦ 身份证：22 mm×32 mm。

⑧ 驾照：21 mm×26 mm。

⑨ 车照：60 mm×91 mm。

20 如何将整个网页保存为一张图片？

用 360 浏览器打开网页，点击【文件】→【保存网页为图片】命令即可。

21 如何快速保存网页大量图片并自动按顺序命名？

先用 360 浏览器的快速保存图片保存第一张，此时屏幕右下角会提示保存成功，点击【打开文件夹】，然后继续保存图片，按【Ctrl】＋【A】键（将图片全选），鼠标放在第一张图片上单击右键，选择重命名，然后随意输入一个字母，再在空白处点一下即可。

22 如何获取网页上禁止保存的图片？

　　采取保存网页方法。打开页面后，在 360 浏览器上点击【文件】，选择【保存网页...】，保存当前网页至本地磁盘。并打开以网页标题命名文件夹，保存需要的图片文件。

23 如何把 CD 里的歌曲转成 MP3 格式？

　　用 Windows Media Player 把 CD 中的音乐转换成 MP3，点击菜单中的【翻录】，点击右下角【开始翻录】，Windows Media Player 就开始将 CD 中的音乐翻录成 MP3 格式，翻录好的 MP3 格式的音乐存放在媒体库中。

24 如何使用 Windows 7 自带的光盘刻录功能？

　　在刻录光驱中插入空白光盘，点击右键系统会对空白光盘进行格式化，完成对空白光盘格式化后，自动打开空白光盘，将需要刻录到光盘的文件复制、剪切或拖动到空白光盘窗口中，刻录机开始工作，将相关文件刻录到光盘中。

25 如何使用暴风影音截取视频片段并保存为 MP4
　　格式？

　　打开暴风影音播放软件，播放需要的视频。在播放的视频画面上单击右键，在弹出的快捷菜单中选择【视频转码/截取】->【片段截取】命令。在【输出格式】对话框中设置【品牌型号】为

"MP4"，单击【确定】按钮。在【暴风转码】对话框中的【片段截取】设置开始和结束时间。单击【开始】按钮，截取的视频保存在【输出目录】中。

26 在没有数据线的情况下，如何通过 QQ 把照片传到电脑上？

打开 QQ 软件，在【消息】栏中选择【我的电脑】，点击【图片】，选择自己要上传到电脑上的图片，点击【发送】。

27 常见的耳机种类和品牌有哪些？

按照基本的佩戴方式，分为非入耳和入耳耳塞，耳挂式和头戴式；按原理来分可分为电动式、电容式和两分频式耳机。按结构可分为封闭式、开放式和半开放式。

欧洲耳机品牌：AKG、BEYER DYNAMIC、SENNHEISER；美国耳机品牌：GRADO、KOSS；日本耳机品牌：AUDIO-TECHNICA、STAX、SONY。

28 JPG/BMP/TIFF/PNG 四种图像文件格式有什么不同？

JPG 是一种最常见的图片压缩格式，它可以用最少的磁盘空间得到较好的图像质量；BMP 是 Windows 操作系统中的标准图像文件格式，无压缩，文件所占用的空间很大；TIFF 是一种灵活的位图格式，扫描、传真、文字处理、光学字符识别等都支持这种格式；PNG 是一种位图文件存储格式，主要应用于网络，文件体积小。JPG 格式文件最小，是图像有损压缩。BMP 和 TIFF 是图像无损压缩，体积是比较大的。扩展名为.tif 或.tiff。

29 WAV/MIDI/CDA/RA/AIFF/ MP3/ WMA 声音文件格式有什么不同？

① WAV 格式（无损的音乐）：微软公司开发的一种 PC 机上广为流行的声音文件格式。

② MIDI 格式（作曲家的最爱）：MIDI 文件是一段录制好的记录声音信息的文件。

③ CDA：是 CD 格式（天籁之音），当今世界上音质最好的音频格式。

④ RA：是 RealAudio 格式（流动的旋律），主要适用于网络上的在线音乐欣赏。

⑤ AIFF 格式：苹果公司开发的音频格式。

⑥ MP3 格式：诞生于 20 世纪 80 年代的德国，文件容量较小。

⑦ WMA 格式：微软高压缩率适合网络在线播放的音频格式。

30 AVI/FLV/MP4/RMVB 视频文件格式有什么不同？

① AVI 格式：是 Microsoft 开发的。其含义就是把视频和音频编码混合在一起储存。它只能有一个视频轨道和一个音频轨道，主要用 Microsoft Video for Windows 软件播放。

② FLV 格式：就是随着 Flash MX 的推出发展而来的视频格式，目前各在线视频网站都采用此视频格式，如新浪视频、56、土豆、酷 6、优酷等。可用暴风影音、快播、QQ 影音等播放软件

播放。

③ MP4 格式：是一种非常流行的视频格式，网上流传的很多电影都是 MP4 格式，可用暴风影音播放。

④ RMVB 格式：是一种视频文件格式，RMVB 中的 VB 指 VBR（Variable Bit Rate，可改变之比特率），较上一代 RM 格式画面要清晰很多，原因是降低了静态画面下的比特率，可以用 RealPlayer、暴风影音、QQ 影音等播放软件来播放。

四

FOUR

▼

网络应用篇 60 问

01 什么是计算机网络？计算机网络的特点有哪些？

计算机网络，是指利用通信设备和传输介质将地理位置不同、功能独立的多台计算机及其外部设备连接起来，进而实现网络的资源共享和信息传递的系统。

计算机网络的特点有以下几点：

① 开放式的网络体系结构。使不同软硬件环境、不同网络协议的网可以互连，真正达到资源共享、数据通信和分布处理的目标。

② 向高性能发展。追求高速、高可靠和高安全性，采用多媒体技术，提供文本、声音图像等综合性服务。

③ 计算机网络的智能化。多方面提高网络的性能和综合的多功能服务，并更加合理地进行网络各种业务的管理，真正以分布和开放的形式向用户提供服务。

02 计算机网络的功能和分类有哪些?

计算机网络的功能主要包括资源共享、数据通信、分布处理三个方面。

① 资源共享：网络上可"共享"的资源主要包括硬件资源、软件资源和数据资源。

② 数据通信：不同地域的计算机之间可以快速和准确地相互传送数据、文本、图形、动画、声音和视频等信息。

③ 分布处理：对于大型的科学计算问题，一台计算机不足以完成所有的计算任务，可以将任务分解，由不同的计算机协同完成。

计算机网络的分类有很多种，可以按拓扑结构、覆盖的地理范围等进行分类。

① 按照网络的拓扑结构划分，计算机网络可以划分成总线型、星型、环型、树型、网状型网络。

② 按照网络覆盖的地理范围划分，计算机网络可以划分为局域网（Local Area Network，LAN）、城域网（Metropolitan Area Network，MAN）、广域网（Wide Area Network，WAN）三种网络类型。

03 什么是域名解析服务 DNS？如何解决打开浏览器提示域名解析错误？

DNS 是计算机域名系统（Domain Name System）的缩写，它是由域名解析器和域名服务器组成的。域名服务器是指保存有该网络中所有主机的域名和对应 IP 地址，可以完成从域名到 IP 地址的转换的服务器，采用客户机/服务器的工作模式。

有的时候我们打开浏览器浏览网页，会发现浏览器提示域名解析错误，这多半可能和我们电脑中有关 DNS 解析的网络设置有关，以 Windows 7 系统为例，解决方法如下：

① 单击桌面右下角网络选项，打开【网络和共享中心】窗口。

② 点击左边菜单栏里面的【更改适配器配置】选项，如图 4-1 所示。

图 4-1 【网络和共享中心】窗口

③ 然后在网络列表中找到我们当前连接的网络，点击右键选择【属性】选项，进入网络设置界面，如图 4-2 所示。

图 4-2 网络连接对话框

④ 进入【无线网络连接属性】对话框，我们在项目列表中找

到【Internet 协议版本 4】选项，点击选中，点击【属性】选项。

　　⑤ 在打开的【Internet 协议版本 4（TCP/IP）属性】对话框中，选中【自动获得 IP 地址】和【自动获得 DNS 服务器地址】选项即可，如图 4-3 所示。

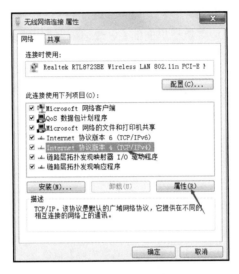

图 4-3　IPv4 属性对话框

04　什么是网络协议？

网络协议为计算机网络中进行数据交换而建立的规则、标准或约定的集合。

05　什么是 IP 地址？IP 地址与网络上的其他计算机有冲突怎么解决？

IP 地址是指互联网协议地址（Internet Protocol Address，又译为网际协议地址），是 IP Address 的缩写。IP 地址是 IP 协议提供的一种统一的地址格式，它为互联网上的每一个网络和每一台主机分配一个逻辑地址，以此来屏蔽物理地址的差异。

多台计算机连接同一路由器之后，经常会出现"IP 地址与网络上其他电脑有冲突"的提示，并且导致无法上网，如果碰到这类问题可以采用以下方法解决。

① 单击桌面右下角网络选项，打开【网络和共享中心】窗口。

② 点击左边菜单栏里面的【更改适配器配置】选项，打开【网络连接】窗口。

③ 然后在网络列表中找到我们当前连接的网络，点击右键选择【属性】选项，进入网络设置界面。

④ 在【本地连接】属性面板选择【Internet 协议（TCP/IP）】，双击【Internet 协议（TCP/IP）】，在出现【Internet 协议（TCP/IP）属性】面板中修改 IP 地址即可。

06　IP 地址和域名是一对一关系吗？

IP 地址和域名并非完全是一对一的关系，一台计算机可提供多个服务，既可作 WWW 服务器又可作邮寄服务器，但这台电脑的 IP 地址还是唯一，并可以根据计算机提供的多个服务给予不同域名，即一个 IP 地址可对应多个域名。

07 什么是 MAC 地址？如何查看计算机的 MAC 地址？

MAC 地址又称物理地址，是唯一标识物理网卡的一组编号。

在【开始】菜单中的【运行】对话框内输入"CMD"，弹出 DOS 界面，在命令符">"后输入"ipconfig"，按【Enter】键，得到有关电脑网络有关的信息，其中的"Physical Address"（或者"物理地址"）一项即为本机的 MAC 地址。

08 如何查看电脑的 IP 地址？

在【开始】菜单中的【运行】对话框内输入"CMD"，弹出 DOS 界面，在命令符">"后输入"ipconfig"，按【Enter】键，得到有关电脑网络有关的信息，其中的"IPv4 地址"一项即为本机的 IP 地址。

09 什么是端口号？何时使用？

操作系统给通信进程分配相应协议端口（Protocol Port，即我们常说的端口），每个协议端口由一个正整数标识，如 80、139、445，等等，用于区分不同的服务。当目的主机接收到数据报后，将根据报文首部的目的端口号，把数据发送到相应端口，而与此端口相对应的那个进程将会领取数据做出相应的处理。

10 如何查看本机所开放的端口号？ ▰▰▰

在【开始】菜单中的【运行】对话框内输入"CMD"，弹出 DOS 界面，在命令符">"后输入"netstat -na"命令，按【Enter】键，即可查看本机所开放的端口号。

11 客户机/服务器模式（C/S）与浏览器/服务器模式（B/S）的区别？ ▰▰▰

C/S 模式，即客户/服务器（Client/Server）模式，是一种两层结构的系统，第一层是在客户机系统上结合了表示与业务逻辑；第二层是通过网络结合了数据库服务器。B/S 模式，即浏览器/服务器（Browser/Server）模式，是一种从传统的二层 CS 模式发展起来的新的网络结构模式，其本质是三层结构 C/S 模式。B/S 网络结构模式是基于 Intranet 的需求而出现并发展的。在 B/S 模式中，客户端运行浏览器软件。浏览器以超文本形式向 Web 服务器提出访问数据库的要求，Web 服务器接受客户端请求后，将这个请求转化为 SQL 语法，并交给数据库服务器，数据库服务器得到请求后，验证其合法性，并进行数据处理，然后将处理后的结果返回给 Web 服务器，Web 服务器再一次将得到的所有结果进行转化，变成 HTML 文档形式，转发给客户端浏览器以友好的 Web 页面形式显示出来。

12 常用的接入 Internet 的方式有哪几种？ ▰▰▰

目前常用的接入方式有电话拨号接入、ADSL 接入、卫星接入、局域网接入、代理服务器接入五种方式。

13　网络中带宽的概念是什么？带宽和网络速度的区别有哪些？

在计算机网络中，带宽用来表示网络的通信线路所能传送数据的能力，因此网络带宽表示在单位时间内从网络中的某一点到另一点所能通过的"最高数据率"。而网络速度是指连接在计算机网络上的主机在数字信道上传送数据的速率，习惯上人们用带宽作为数字信道上数据的传输速率，即网络速度。

14　什么是无线射频技术？一般如何应用？

无线射频识别（Radio Frequency Identification，RFID）是通过一种无线电讯号和微芯片标签识别特定目标并读写相关数据的通信技术。它利用 RFID 电子标签（RFID Tags）来实现存储和远程读取数据。RFID 电子标签能够被应用于任何物体，通过无线电波对物体进行身份识别。一般在超市购物的产品上贴有射频电子标签，目前应用较多。

15　什么是 IEEE 及 802 系列标准？

IEEE（Institute of Electrical and Electronics Engineers）即电气和电子工程师协会，是一个国际性的电子技术与信息科学工程师的协会，是目前全球最大的非营利性专业技术学会，其会员人数超过 40 万人，遍布 160 多个国家。IEEE 致力于电气、电子、计算机工程和与科学有关的领域的开发和研究，在太空、计算机、电信、生物医学、电力及消费性电子产品等领域已制定了 900 多个行业标准，现已发展成为具有较大影响力的国际学术组织。

IEEE 802 又称为 LMSC（LAN /MAN Standards Committee，局域网/城域网标准委员会），致力于研究局域网和城域网的物理层和 MAC 层中定义的服务和协议，对应 OSI 网络参考模型的最低两层（即物理层和数据链路层）。

 16   宽带连接的 ISP 是什么意思?

ISP（Internet Service Provider），互联网服务提供商，即向广大用户综合提供互联网接入业务、信息业务和增值业务的电信运营商。当我们向当地电信部门申请安装 ADSL 宽带业务，该电信部门就是 ISP，并向我们提供了用户名和密码。

 17   什么是 VPN? 如何应用?

VPN（Virtual Private Network）属于远程访问技术，它通过利用公用网络建设一个临时的、安全的专用网络，是一条穿过混乱的公用网络的安全、稳定的隧道。简单地说就是利用公用网络架设专用网络。例如，某公司员工出差到外地，他想访问企业内网的服务器资源，这种访问就属于远程访问。

18   如何连接无线路由器?

① 首先我们需要把猫（MODEM）和无线路由器连接到一起。网线一端连载猫上的"LAN"口上，另一端连接到无线路由器上的"WLAN"上面。有的路由器具备猫的功能，网线直接连接到无线路由器的"WLAN"口上就可以了。

② 设置【自动获得 IP 地址】和【自动获得 DNS 服务器地址】

选项。

③ 打开浏览器，在网址栏输入"192.168.1.1"，点击【Enter】键，输入账号和密码进入路由器设置界面，一般都是 admin，可以从路由器背面寻找账户名称和密码。

④ 点击左侧的【设置向导】选项卡，在【设置向导】窗口中，直接点击【下一步】，如图 4-4 所示。

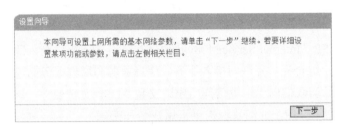

图 4-4 【设置向导】窗口

⑤ 在弹出【设置向导-上网方式】窗口中设置上网方式，默认的是【让路由器自动选择上网方式】这个选项，不需要改动直接点击【下一步】，如图 4-5 所示。

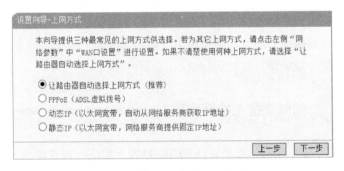

图 4-5 【设置向导-上网方式】窗口

⑥ 接下来在弹出的【设置向导-无线设置】窗口中设置路由器的名字和密码。设置后点击【下一步】，如图 4-6 所示。

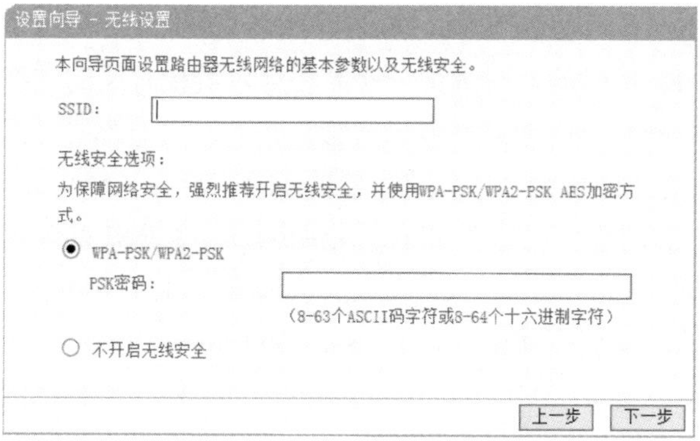

图4-6　【设置向导-无线设置】

⑦ 在弹出的窗口中点击【完成】按钮，完成路由器的设置，搜索到自己设置的无线路由器，输入密码就可以上网了，如图4-7所示。

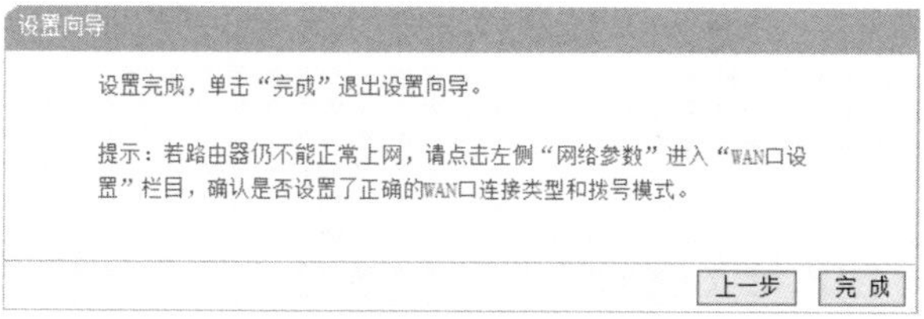

图4-7　【设置向导】窗口

19　如何正确选择一款适合自己的家用路由器？

① 选择合适的带宽要求。理论上带宽越大越好，如150M或是450M之类的说法，所以一般来说还是会选择带宽更大的，而实际使用中也确实是有差别的。

② 选择合适的连接方式。路由器有无线和有线两种，无线路由器现在使用的越来越多，尤其是现在移动端越来越多，WiFi功能的需要越来越明显。但是，无线路由对环境、信号要求有很

高的要求，信号强度不够，容易受干扰，易掉线。无线是指可以发射 WiFi 信号的同时大部分产品还可以链接有线的网线，而有线路由器则是只能通过网线来链接。

③ 选择好传输速率。路由器的 M 是 Mbps（Million bits per second）的简称，比特率（bps）是用来描述数据传输速度快慢的一个单位，比特率越大，数据流速越快。理论上 150Mbps 的网速，每秒钟的传输速度就是 18.75MB/s。300Mbps 的网速，每秒钟的传输速度就是 37.5MB/s。一般选型的时候，要根据自己的使用情况，如有多少台计算机使用，多大带宽，来选择传输速率合适的路由器，这样，既经济又不浪费带宽。

④ 选择性价比高的。现在，路由器厂家很多，路由器的品牌也不少，对于路由器使用要求不是很高的人，性价比是必须要考虑的因素，当然，一分钱一分货，好的东西，质量有保证，价格自然便宜不了多少。

⑤ 考虑品牌效应。

20 什么是无线局域网？

无线局域网，英文名称：Wireless Local Area Networks，WLAN，与我们一般采用交换机或路由器组建的局域网络类似，只是采用的是无线技术，它利用射频（Radio Frequency，RF）技术，取代旧式的双绞铜线（Coaxial）等有线传输介质所构成的局域网络，使得无线局域网络能利用简单的存取架构，让用户透过它，达到"信息随身化、便利走天下"的理想境界。

21 在手提电脑、手机等设备中如何连接 WiFi？

开启手提电脑或者手机的无线连接，找到当前可用的网络，选择当前合适的网络连接即可，如果是加密的网络需要输入密码才可以连接。

22 什么是 APP?

APP 有多种含义，最常用的一种含义是指应用程序（Application 的缩写），由于 iPhone 等智能手机的流行，APP 特指智能手机的第三方应用程序，即手机应用软件。

23 什么是 Android 和 iOS?

Android 和 iOS 分别代表着智能移动设备（包括智能手机和平板）的两大主流操作系统。Android 是一种基于 Linux 的自由及开放源代码的操作系统，由 Google 公司和开放手机联盟领导及开发。iOS 是由苹果公司开发的移动操作系统，苹果公司的产品 iPad、iPhone、iPod touch 都使用 iOS 操作系统。

24 如何将已接入网络的电脑设置为 WiFi 热点?

① 首先判断电脑上是否有无线网卡（笔记本电脑上都有），如果没有无线网卡先插上一个 USB 无线网卡（如 360 随身 WiFi）。

② 然后安装一个 360 免费 WiFi 这样的软件，设置 WiFi 用户名与密码就可以使用热点上网了。

25 如何将已接入网络的手机设置为 WiFi 热点?

如果一部手机已接入 2G/3G/4G 的网络，那么可以将本手机设置成 WiFi 热点分享给其他设备上网使用。这里以小米手机为例，介绍如何设置无线热点（其他手机类似）。

① 在手机系统应用中找到【设置】，点击打开。

② 选择【更多无线连接】（或者类似选项），然后点击打开【网络共享】。

③ 在列表中找到【WLAN 热点】，打开。

④ 将【开启 WLAN 热点】设置为开启状态，然后点击【设置 WLAN 热点】进入设置。

⑤ 对 WiFi 相关属性（如 WiFi 名、WiFi 密码、最大连接数）进行设置后保存即可。

26 什么是 2G、3G、4G 移动网络？

2G（The 2nd Generation Wireless Telephone Technology）：第二代手机通信技术规格，以数字语音传输技术为核心。一般定义为无法直接传送如电子邮件、软件等信息；只具有通话和一些如时间日期等传送的手机通信技术规格。不过手机短信在它的某些规格中能够被执行。

3G（The 3rd Generation Wireless Telephone Technology）：第三代移动通信技术，是指支持高速数据传输的蜂窝移动通信技术。3G服务能够同时传送声音及数据信息，速率一般在几百 Kbps 以上。一般地讲，是指将无线通信与国际互联网等多媒体通信结合的新一代移动通信系统。它能够处理图像、音乐、视频流等多种媒体形式，提供包括网页浏览、电话会议、电子商务等多种信息服务。

4G（The 4th Generation Mobile Communication）：第四代移动通信技术，是集 3G 与 WLAN 于一体，并能够传输高质量视频图像，它的图像传输质量与高清晰度电视不相上下。4G 系统能够以100Mbps 的速度下载，比目前的拨号上网快 2000 倍，上传的速度也能达到 20Mbps，并能够满足几乎所有用户对于无线服务的要求。此外，4G 可以在 DSL 和有线电视调制解调器没有覆盖的地方部署，然后扩展到整个地区。很明显，4G 有着不可比拟的优越性。

27 万维网与因特网的区别？

因特网又名互联网（Internet），泛指由多个计算机网络相互连接而成的一个网络，它是在功能和逻辑上组成的一个大型网络。而万维网（WWW）是环球信息网（World Wide Web）的缩写，是因特网上的一个资料空间，由许多页面组成，通过一个"统一资源定位器 URL"标识页面在服务器上的位置。所以，万维网（WWW）只是因特网中运行的一个服务（一个由 HTTP 协议和超文本构成的系统），因特网的服务还包括电子邮件（E-mail）、文件传输（FTP）、远程登录（Telnet）。

28 HTTP 的含义？

HTTP（Hyper Text Transfer Protocol）是超文本传输协议，主要负责 Web 浏览器与 Web 服务器之间的数据通信。通过 HTTP 请求服务器发出用 HTML 语言编写的网页。

29 FTP 的含义？

FTP 是 File Transfer Protocol（文件传输协议）的缩写，而中文简称为"文传协议"。用于 Internet 上控制文件的双向传输。

30 什么是 URL？

URL（Uniform Resource Locator）即统一资源定位器来标识

信息资源，是用来标识信息资源在网络上的唯一地址。URL 会采用统一的地址格式确定信息资源的位置。

31 什么是 HTML？

HTML（Hyper Text Makeup Language）即超文本标记语言，是 WWW 的基本描述语言，用来产生包含文本、图像、超链接的页面。

32 网址后缀名中.com 与.cn 的区别？

.cn 为国家顶级域名，表示中国国家域名。它由我国国际互联网络信息中心（Inter NIC）正式注册并运行。.cn 域名是全球唯一由中国管理的英文国际顶级域名，是中国企业自己的互联网标识，它体现了一种文化的认同、自身的价值和定位。

.com 域名，一是国际最广泛流行的通用域名格式。国际化公司都会注册.com 域名；二是国内域名，又称为国内顶级域名（national top-level domainnames，简称 nTLDs），即按照国家的不同分配不同后缀，这些域名即为该国的国内顶级域名。

33 分析"http://www.forestry.gov.cn"各组成部分的含义？

"http://www.forestry.gov.cn"是国家林业局的官方网站（国家生态网、中国林业网）的域名，"http://"代表用户所浏览的页面都是采用 HTTP 协议得到的网页，而"www.forestry.gov.cn"有四层结构，每层用"."隔开。其中，"forestry.gov.cn"是域名，".cn"

为顶级域名，代表"中国"；".gov"为二级域名，代表"政府机构"；".forestry"为三级域名，代表"国家林业局"名称，"www"是主机名，表明该计算机是为用户提供"网页服务"的服务器。

34 如何在 IE 浏览器中把"中国林业网"设置为主页?

① 打开浏览器，点击右上角的【工具】选项卡。

② 点击【Internet 选项】选项卡，在弹出的【Internet 选项】窗口中的【常规】选项下面的主页栏中设置当前主页为"http://www.forestry.gov.cn"，点击【确定】即可，如图 4-8 所示。

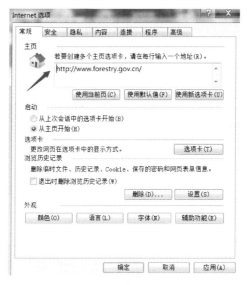

图 4-8 【Internet 选项】窗口

35 如何设置电脑上网无痕浏览?

在上网的时候，如果设置上网无痕浏览模式，那么浏览历史记录不会被保存，Internet 临时文件、输入网址记录以及恢复列表项等数据在浏览器关闭后都将荡然无存。那么如何设置电脑上网无痕浏览，全面保证用户的隐私不被泄露呢？这里以 Internet Explorer 8 为例，向大家讲解设置无痕浏览的方法，其他浏览器类似。

打开 IE 8 浏览器，依次单击【工具】→【InPrivate 浏览】选项；弹出新页面【about:InPrivate】，在此页面中浏览即为无痕浏览模式。

36 如何设置手机上网无痕浏览？

手机上网时，为了保证用户的隐私不被泄露也可以设置无痕浏览模式，这里以智能手机使用百度浏览器作为上网工具为例，讲述设置手机上网无痕浏览的方法。

打开手机中的百度浏览器，点击【我的】的选项，在弹出的页面中点击【无痕浏览】选项即可，如图 4-9 所示。

图 4-9　手机浏览器中设置无痕浏览

37 如何查找电脑浏览器中下载的文件？

打开 IE 浏览器，点击右上角的【工具】选项，在弹出的窗口中选择【查看下载】，点击即查看所下载的文件。

 38 **如何查看手机浏览器中下载的文件？**

打开手机中的百度浏览器，点击【我的】选项，在弹出的页面中点击【我的下载】选项即可找到所下载文件的具体位置，如图 4-10 所示。

图 4-10 手机中查找下载文件

 39 **手机中如何开启无图模式上网？**

打开手机中的百度浏览器，点击【我的】选项，在弹出的页面中点击【开启无图】选项即可，可参考图 4-10 所示。

 40 **如何打印"中国林业网"的首页？**

在 IE 中打开"中国林业网"的首页，点击右上角的【工具】选项，在弹出的窗口中选择【打印】即可设置打印相关的操作。

41 **如何去掉软件安装包中无用多余的插件？**

如图 4-11 所示，在安装 QQ 过程中会默认选中安装【使用腾讯电脑管家＋金山毒霸保护电脑安全】等选项，为了不安装这些无用的软件，可以把这些选项取消选中。

图 4-11　去掉 QQ 安装过程中的插件

 42 **如何缩放网页的大小？**

使用浏览器上网时，用户经常会感觉页面太大或者太小，这时候可以调整网页的大小解决问题。以 IE 浏览器为例，打开 IE 浏览器，点击右上角的【工具（Alt＋X）】选项，在弹出的窗口中选择【缩放（Z）】，点击即可在弹出的窗口中设置缩放的比例。

 43 **如何清除 IE 中的浏览记录？**

为了保护用户的隐私或者清除浏览器中的垃圾加快浏览速度，需要清除 IE 中的浏览记录，这里以 IE 9 为例告诉大家清除 IE 中浏览记录的方法。

打开 IE 9 浏览器，依次单击【工具】→【安全】→【删除浏览历史记录】选项；弹出新窗口【删除浏览历史记录】，在此页面中选择需要删除的记录即可，如图 4-12 所示。

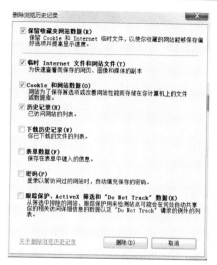

图 4-12 删除浏览记录

44 如何清除手机浏览器中的浏览记录？

手机上网时也可以清除浏览器中的浏览记录，以百度浏览器为例，打开手机中的百度浏览器，点击【我的】选项，在弹出的页面中点击【设置】选项进入【基本设置】页面，在该页面选择【清除记录】选项即可，如图 4-13 所示。

图 4-13 手机中删除浏览记录

45 **如何更新 IE 浏览器的版本?**

有时候在上网看网页的时候会跳出 IE 版本不支持而无法看到网页的全部信息,那么怎么查看自己的 IE 浏览器的版本,并升级到最新版本呢?

打开 IE 浏览器,点击左上角菜单栏中的【帮助】或者【工具】选项中的【帮助】选项,找到【关于 Internet Explorer(A)】点击进入,就可以看到当前使用的 IE 版本信息,如果觉得版本过低,可以按下面的步骤升级或安装新版本:打开 IE 浏览器,点击菜单栏中的【工具】选项,出现下拉框,找到【Windows Update】,并点击。浏览器就会跳到 Windows 官方网站并自动检测更新,如有更新会出现更新提示,点击开始即会下载更新。

 46 **如何远程登录服务器或者其他主机?**

依次点击【开始】→【附件】→【远程桌面连接】选项,进入【远程桌面连接】设置窗口,如图 4-14 所示。输入计算机名(所要连接的服务器或者远程主机的名称或者 IP 地址),点击【连接】按钮即可进入登录页面,输入用户名与密码登录即可。

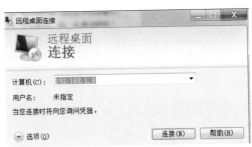

图 4-14　远程桌面连接界面

47 如何在微信的朋友圈中发布纯文字信息？

登录微信，依次点击【发现】→【朋友圈】选项，进入朋友圈页面，长时间按右上角的"相机"图标即可弹出发送纯文字信息的窗口。

48 如何转发QQ空间中的日志到微信中？

可以将QQ空间中的日志转发到微信朋友圈中或者发送给微信好友，具体的操作方法如下：

在手机中打开【好友动态】，找到想要转发的日志或者说说，点击【转发】按钮弹出【转发选项】窗口，在此窗口选择转发的位置即可，如图4-15所示。

图4-15　QQ空间转发选项

49 微信中如何创建群聊？

登录微信，依次点击【通讯录】→【群聊】选项，点击右上角【＋】按钮进入【发起群聊】页面，选择想要群聊的好友，点击【确定】按钮即可创建一个微信群。或者在【通讯录】右上角点击【＋】找到【面对面建群】，和身边的朋友输入同样的 4 个数字，进入同一个群聊。

50 **如何在 QQ 或者微信中向好友发送位置及名片？**

在微信中进入和好友的聊天界面，点击右下角【＋】按钮，在弹出的页面中选择【位置】或者【名片】即可，如图 4-16 所示。

图 4-16　微信中发送位置或名片

51 **如何在微信中拉黑某一联系人？**

随着微信功能的不断增加，微信中亦可实现像 QQ 中将某一个好友加入黑名单的功能，具体操作为：登录自己的微信号，找到想要拉黑的联系人，进入该联系人的【详细资料】页面，点击右上角"："按钮，弹出【详细资料设置】窗口，如图 4-17 所示，在该窗口选择【加入黑名单】选项即可。

图 4-17 设置加入黑名单

52 如何在微信中屏蔽掉对方发表在朋友圈的信息或者禁止对方看到自己朋友圈的信息？

登录自己的微信号，找到需要专门设置权限的联系人，进入该联系人的【详细资料】页面，点击右上角"："按钮，弹出【详细资料设置】的窗口，如图4-17所示，在该窗口选择【设置朋友圈权限】选项，弹出【设置朋友圈权限】页面，在其中设置具体的权限即可，如图4-18所示。

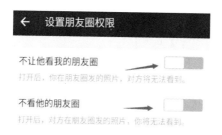

图 4-18 设置朋友圈权限

53 微信中如何通过扫一扫添加朋友？ ━━━━

微信扫一扫的出现，让一切手工输入的操作显得那么落伍而多余，在微信中添加好友也可以通过扫一扫完成，具体操作为：双方均在手机登录自己的微信号，其中一方点击【我】中的二维码图案，弹出该用户信息的二维码图案；另一方点击微信页面右上角的【＋】按钮，在弹出的窗口中选择【扫一扫】选项，然后扫描对方的二维码即可，如图 4-19 所示。

图 4-19　扫一扫添加朋友

54 微信中如何添加关注某个公众号？ ━━━━

① 登录微信之后点击【通讯录】，然后点击右上角【＋】按钮，选择【添加朋友】选项。

② 然后点击【公众号】选项，进入【查找公众账号】页面。

③ 在搜索框输入想要添加关注的微信名字或者微信号，点击搜索即得到相关的公众号列表。

④ 选择列表中正确的公众号进入该公众号【详细资料】界面，点击【关注】即可。

55　　**在微信中如何屏蔽群消息提醒?**

　　① 登录微信之后,找到想要屏蔽消息的群,点击进入该群聊。

　　② 点击群聊页面右上角的两个小人头像的标识,进入该群的【聊天信息】界面。

　　③ 在该界面选择【消息免打扰】即可,如图 4-20 所示。

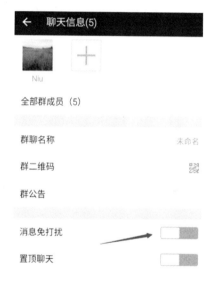

图 4-20　设置群消息屏蔽

 56　　**在微信中如何关闭声音和震动提示?**

　　登录微信,依次在相关页面点击【我】→【设置】→【勿扰模式】选项,进入【勿扰模式】设置页面,选择【勿扰模式】即可,如图 4-21 所示。

图 4-21 关闭声音和振动提示

57 如何在 IE 浏览器中屏蔽广告窗口？

在电脑桌面上打开浏览器主界面，选择【工具】选项。打开【Internet 选项】对话框，在【安全】选项卡中单击【自定义级别】按钮随即弹出【安全设置】对话框，在【设置】列表框中将【活动脚本】设为【禁用】。单击【确定】按钮，即可屏蔽一般的弹出窗口。

58 什么是网盘？

网盘，又称网络 U 盘、网络硬盘，是由互联网公司推出的在线存储服务，向用户提供文件的存储、访问、备份、共享等文件管理等功能。用户可以把网盘看成一个放在网络上的硬盘或 U 盘，不管你是在家中、单位或其他任何地方，只要你连接到互联网，你就可以管理、编辑网盘里的文件。不需要随身携带，更不怕丢失。

59 如何利用 QQ 远程桌面功能调试他人电脑的故障？

① QQ 打开要被远程的联系人的聊天窗口，然后在工具栏中点击【远程桌面】，然后点击【请求控制对方电脑】，如图 4-22 所示。

②　点击【请求控制对方电脑】后，在聊天窗口的右侧边就可以看到远程协助的请求连接提示页面。

③　在对方的电脑上同样是在聊天窗口的右侧可以看到"远程连接请求"的提示页面，如果在页面中点击【接受】按钮，就连接上了对方的电脑，也相当于控制了对方的电脑。

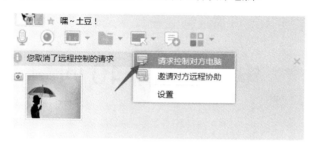

图 4-22　QQ 远程控制他人电脑

 60　互联网上网服务经营场所的设立条件是什么？

设立互联网上网服务营业场所经营单位，应当采用企业的组织形式，并具备下列条件：

①　有企业的名称、住所、组织机构和章程。

②　有与其经营活动相适应的资金。

③　有与其经营活动相适应并符合国家规定的消防安全条件的营业场所。

④　有健全、完善的信息网络安全管理制度和安全技术措施。

⑤　有固定的网络地址和与其经营活动相适应的计算机等装置及附属设备。

⑥　有与其经营活动相适应并取得从业资格的安全管理人员、经营管理人员、专业技术人员。

⑦　法律、行政法规和国务院有关部门规定的其他条件。

电子商务篇 40 问

01 什么是 EDI 商务活动?

EDI，全称 Electronic Data Interchange，译为电子数据交换。它是由国际标准化组织（ISO）推出使用的国际标准，它是指一种为商业或行政事务处理，按照一个公认的标准，形成结构化的事务处理或消息报文格式，从计算机到计算机的电子传输方法，也是计算机可识别的商业语言。简单地说，EDI 就是按照商定的协议，将商业文件标准化和格式化，并通过计算机网络，在贸易伙伴的计算机网络系统之间进行数据交换和自动处理。俗称"无纸化贸易"。

02 什么是网络媒体?

网络媒体和传统的电视、报纸、广播等媒体一样，都是传播信息的渠道，是交流、传播信息的工具、信息载体。与传统的音视频设备采用的工作方式不同，网络媒体依赖 IT 设备开发商们提供的技术和设备来传输、存储和处理音视频信号。

03 什么是网络广告？网络广告的主要类型有哪些？

网络广告就是在网络上做的广告。在网络广告投放平台利用网站上的广告横幅、文本链接、多媒体的方法，在互联网刊登或发布广告，通过网络传递到互联网用户的一种高科技广告运作方式。

根据操作方法不同，网络广告分为点击广告、展示广告、投递广告。根据表现形式的不同，网络广告分为文字广告、图片广告、动画广告。根据网络广告尺寸大小的不同，网络广告分为按钮式（Button）广告、旗帜式（Banner）广告和大屏幕广告。根据网络广告的查收方式还分为硬版广告、搜索广告、分类广告。

04 什么是网络零售？它有哪些类型？

网上零售（E-Retail）是指通过互联网或其他电子渠道，针对个人或者家庭的需求销售商品或者提供服务。网上零售（B2C/C2C）是交易双方以互联网为媒介的商品交易活动，即通过互联网进行的信息的组织和传递，实现了有形商品和无形商品所有权的转移或服务的消费。买卖双方通过电子商务（线上）应用实现交易信息查询（信息流）、交易（资金流）和交付（物流）等行为。

根据系统平台的形式可分为门户网站商城模式、店中店模式（如当当）、C2C 卖场模式（如拍拍网、淘宝网）。

根据交易类型可分为 C2C 和 B2B。

05　什么是网络拍卖？网上拍卖交易方式有哪些？

网络服务商利用互联网通信传输技术，向商品所有者或某些权益所有人提供有偿或无偿使用的互联网技术平台，让商品所有者或某些权益所有人在其平台上独立开展以竞价、议价方式为主的在线交易模式。

网上拍卖的交易方式主要有竞价拍卖、竞价拍买、集体议价三种方式。

竞价拍卖：最大量的是 C2C 的交易，包括二手货、收藏品，也可以使普通商品以拍卖方式进行出售。例如，惠普公司也将一些库存积压产品放到网上拍卖。

竞价拍买：是竞价拍卖的反向过程。消费者提出一个价格范围，求购某一商品，由商家出价，出价可以是公开的或隐藏的，消费者将与出价最低或最接近的商家成交。例如，想要乘飞机的乘客们在 Priceline 网站上出价购买机票，由航空公司自己决定是否接受乘客的出价。

集体议价：在互联网出现以前，这种方式在国外主要是多个零售商结合起来，向批发商（或生产商）以数量还价格的方式进行。

06　什么是网络直销？

网络直销是指生产厂家借助联机网络、计算机通信和数字交互式媒体且不通过其他中间商，将网络技术的特点和直销的优势巧妙地结合起来进行商品销售，直接实现营销目标的一系列市场行为。网络直销模式直接通过生产商到消费者手中，没有其他环节的产生，消费者同时也是经营者。也就是说，生产者转移给消费者或使用者。

07 电子商务发展经历了哪些阶段？

电子商务发展主要经历了三个阶段。第一阶段，电子邮件阶段，这个阶段可以认为从 20 世纪 70 年代开始，平均的通信量以每年几倍的速度增长。第二阶段，信息发布阶段，从 1995 年起，以 Web 技术为代表的信息发布系统，爆炸式地成长起来，成为目前 Internet 的主要应用。第三阶段，EC（Electronic Commerce）即电子商务阶段，EC 在美国也才刚刚开始。之所以把 EC 列为一个划时代的东西，笔者认为，是因为 Internet 的最终主要商业用途，就是电子商务。同时，反过来也可以很肯定地说，若干年后的商业信息主要是通过 Internet 传递。Internet 即将成为我们这个商业信息社会的神经系统。

08 什么是垂直电子商务和水平电子商务？

垂直电子商务是指在某一个行业或细分市场深化运营的电子商务模式。垂直电子商务网站旗下商品都是同一类型的产品。这类网站多为从事同种产品的 B2C 或者 B2B 业务，其业务都是针对同类产品的商品。

水平电子商务主要是提供多行业产品的网上经营，这种类型的网站聚集很多类别的产品，综合性强，类似于网上购物中心，旨在为用户提供产品线宽、可比性强的商业服务。

09 什么是电子商务上游企业和电子商务下游企业？

电子商务上游企业一般是指商品的制造商、厂家；电子商务下游企业是一级代理商、二级代理商、分销商、个体经营商；终端是客户。

 10　B2B、B2C、C2C 分别是什么意思？

① B2B（Business to Business）是企业与企业间通过 Internet、外联网、内联网或者私有网络，以电子化方式进行交易活动的商业模式。

② B2C（Business to Consumer）是商家（泛指企业）对个人的电子商务，企业通过 Internet 网向个人消费者直接销售产品和提供服务的商业零售模式。

③ C2C（Consumer to Consumer）指消费者通过 Internet 与消费者之间进行的个人交易，即消费者与消费者之间通过网络进行产品或服务的交易活动。

11　O2O 是什么意思？

O2O 即 Online to Offline，即将线下商务的机会与互联网结合在一起，让互联网成为线下交易的前台。这样线下服务就可以用线上来揽客，消费者可以用线上来筛选服务，还有成交可以在线结算，很快达到规模。该模式最重要的特点是：推广效果可查，每笔交易可跟踪。

 12　B2E 和 G2E 分别是什么意思？

① B2E 中，B 是 business，代表的是买卖双方；E 是拉丁字母中的第五个字母。B2E 在 IT 行业，更多的表示为"企业对雇员"。

② G2E 电子政务，指政府（Government）与政府公务员即

政府雇员（Employee）之间的电子政务，也有学者把它称为内部效率效能（IEE）电子政务模式。

13　电子商务系统是如何组成的？

电子商务系统由 Internet、用户、认证中心、物流配送（配送中心）、银行、商家等几个基本元素组成。

14　电子商务的产业价值链是由哪些产业组成的？

电子商务产业价值链的产业主要可以分为两类：电子商务系统服务商和电子商务系统中介商。前者主要包括提供基础设施和各类网络应用的企业，如网络建设/计算机通信设备企业、网络运营服务提供商和网络接入服务提供商，他们位于电子商务产业价值链的低端和中部，是发展电子商务的基础；后者是指为消费者、企业和政府提供电子商务服务的企业，他们位于电子商务产业价值链的顶端，是电子商务应用的主要方面。

15　什么是电子支付？电子支付方式有哪些？

电子支付是指电子交易的当事人，包括消费者、厂商和金融机构，使用安全电子支付手段，通过网络进行的货币支付或资金流转。

电子支付方式有网上支付、电话支付、移动支付、销售点终端交易、自动柜员机交易和其他电子支付等。

16　什么是第三方电子支付？第三方支付平台有哪些？

第三方支付是指第三方平台提供商通过采用通信、计算机和信息安全技术，在商家和银行之间建立起连接，从而实现从消费者到金融机构、商家的货币支付、现金流转、资金清算、查询统计等，为商家开展 B2B、B2C 交易等电子商务服务和其他增值服务提供完善的支持。

国内第三方支付平台主要有以下几家：免费的平台，包括支付宝、财富通、贝宝；收费的平台，包括网银在线、快钱、环迅 IPS、首信易支付、云网、YEEPAY；政府的平台，包括银联支付等。

17 **什么是电子发票？如何使用电子发票？** ━━━━

电子发票是信息时代的产物，同普通发票一样，采用税务局统一发放的形式给商家使用，发票号码采用全国统一编码，采用统一防伪技术，分配给商家，在电子发票上附有电子税务局的签名机制。

消费者可以在发生交易的同时收取电子发票，并可以在税务机关网站查询验证发票信息。在凭电子发票进行相关售后维修服务时，可以对电子发票进行下载或打印，解决了纸质发票查询和保存不便的缺陷。企业通过增值税发票系统升级版开具增值税电子发票后，数据实时连接税务部门，税务人员可以及时对纳税人开票数据进行查询、统计、分析，及时发现涉税违法违规问题，有利于提高工作效率，降低管理成本。税务机关还可利用及时完整的发票数据，更好地服务宏观决策和经济社会发展。

18 **电子商务交易中买卖双方当事人的权利和义务？**

买卖双方之间的法律关系实质上表现为双方当事人的权利和义务。买卖双方的权利和义务是对等的。卖方的义务就是买方的权利，反之亦然。

　　卖方的义务包括：按照合同的规定提交标的物及单据；对标的物的权利承担担保义务；对标的物的质量承担担保义务。

　　买方的义务包括：按照网络交易规定的方式支付价款；按照合同规定的时间、地点和方式接受标的物；对标的物进行验收。

19　网络营销常用的几种方法有哪些？

　　网络营销常用的方法有搜索引擎营销、电子邮件营销、博客营销、第三方电子商务平台营销、移动营销及数据库营销等。

20　什么是病毒营销？

　　病毒营销（Viral Marketing）是指通过类似病理方面和计算机方面的病毒传播方式，即自我复制的病毒式的传播过程，利用已有的社交网络去提升品牌知名度或者达到其他的市场营销目的。病毒营销是由信息源开始，再依靠用户自发的口碑宣传，达到一种快速滚雪球式的传播效果。它描述的是一种信息传递战略，经济学上称之为病毒营销，因为这种战略像病毒一样，利用快速复制的方式将信息传向数以百计、数以千计的受众。

21　什么是 E-mail 营销？它的主要步骤有哪些？

　　邮件营销（E-mail Marketing）是在用户事先许可的前提下，通过电子邮件的方式向目标用户传递有价值信息的一种网络营销手段。E-mail 营销有三个基本因素：用户许可、电子邮件传递信息、信息对用户有价值，三个因素缺少一个。

　　E-mail 营销的主要步骤包括：制订 E-mail 营销的目标；决定

目标受众；设计较好的创意；选择邮件列表服务商。

22 搜索引擎优化（SEO）是什么？

搜索引擎优化（Search Engine Optimization，SEO），是指针对各种搜索引擎的检索特点，让网页设计符合搜索引擎的搜索原则及搜索算法，从而获得搜索引擎的收录并在排名中靠前的各种方法。

23 如何让网站在百度中有比较好的排名？

为了让网站在百度中有比较好的排名可以有以下几种方法：确定主关键词，关键词是可以方便用户快速找到商品或者服务的相关文字；设置标题；使用动静结合的网页，这样会让网站的质量得到提高，与同类的网站相比较权重会高，排名靠前；付费到搜索引擎；拓展链接广度，链接广度大的网站排名会靠前。

24 什么是第三方物流？它的基本特点有哪些？

第三方物流（The 3rd Party Logistics，3PL）的定义是：生产经营企业为集中精力搞好主业,把原来属于自己处理的物流活动，以合同方式委托给专业物流服务企业，同时通过信息系统与物流企业保持密切联系，以达到对物流全程管理控制的一种物流运作与管理方式。

它是相对"第一方"发货人和"第二方"收货人而言的。是由第三方物流企业来承担企业物流活动的一种物流形态。3PL 既不属于第一方，也不属于第二方，而是通过与第一方或第二方的合作来提供其专业化的物流服务，它不拥有商品，不参与商品的买卖，而是为客户提供以合同为约束、以结盟为基础的系列化、个性化、信息化的物流代理服务。随着信息技术的发展和经济全球化趋势，越来越多的产品在世界范围内流通、生产、销售和消费，物流活动日益庞大和复杂，而第一、二方物流的组织和经营方式已不能完全满足社会需要；同时，为参与世界性竞争，企业必须确立核心竞争力，加强供应链管理，降低物流成本，把不属于核心业务的物流活动外包出去。于是，第三方物流应运而生。

其基本特点如下：

① 关系合同化：首先，第三方物流是通过契约形式来规范物流经营者与物流消费者之间关系的。物流经营者根据契约规定的要求，提供多功能直至全方位一体化物流服务，并以契约来管理所有提供的物流服务活动及其过程。第三方物流发展物流联盟也是通过契约的形式来明确各物流联盟参加者之间权责利相互关系的。

② 服务个性化：首先，不同的物流消费者存在不同的物流服务要求，第三方物流需要根据不同物流消费者在企业形象、业务流程、产品特征、顾客需求特征、竞争需要等方面的不同要求，提供针对性强的个性化物流服务和增值服务。其次，从事第三方物流的物流经营者也因为市场竞争、物流资源、物流能力的影响需要形成核心业务，不断强化所提供物流服务的个性化和特色化，以增强物流市场竞争能力。

③ 功能专业化：第三方物流所提供的是专业的物流服务。从物流设计、物流操作过程、物流技术工具、物流设施到物流管理必须体现专门化和专业水平，这既是物流消费者的需要，也是第三方物流自身发展的基本要求。

④ 管理系统化：第三方物流应具有系统的物流功能，是第三方物流产生和发展的基本要求，第三方物流需要建立现代管理系统才能满足运行和发展的基本要求。

⑤ 信息网络化：信息技术是第三方物流发展的基础。物流服务过程中，信息技术发展实现了信息实时共享，促进了物流管理的科学化，极大地提高了物流效率和物流效益。

25 什么是第四方物流？它的基本特点有哪些？ ━━

第四方物流（The 4th Party Logistics）是一个供应链的集成商，一般情况下政府为促进地区物流产业发展领头搭建第四方物流平台提供共享及发布信息服务，是供需双方及第三方物流的领导力量。它不仅是物流的利益方，而是通过拥有的信息技术、整合能力以及其他资源提供一套完整的供应链解决方案，以此获取一定的利润。它是帮助企业实现降低成本和有效整合资源，并且依靠优秀的第三方物流供应商、技术供应商、管理咨询以及其他增值服务商，为客户提供独特的和广泛的供应链解决方案。

与第三方物流注重实际操作相比，第四方物流更多地关注整个供应链的物流活动，这种差别主要体现在以下几个方面，并形成第四方物流独有的特点：

① 4PL 供应链解决方案：第四方物流有能力提供一整套完善的供应链解决方案，是集成管理咨询和第三方物流服务的集成商。第四方物流和第三方物流不同，不是简单地为企业客户的物流活动提供管理服务，而是通过对企业客户所处供应链的整个系统或行业物流的整个系统进行详细分析后提出具有指导意义的解决方案。第四方物流服务供应商本身并不能单独地完成这个方案，而是要通过物流公司、技术公司等多类公司的协助才能将方案得以实施。

第三方物流服务供应商能够为企业客户提供相对于企业的全局最优，却不能提供相对于行业或供应链的全局最优，因此第四方物流服务供应商就需要先对现有资源和物流运作流程进行整合和再造，从而达到解决方案所预期的目标。第四方物流服务供应商整个管理过程大概设计四个层次，即再造、变革、实施和执行。

② 产生影响增加价值：第四方物流是通过对供应链产生影响的能力来实现自身价值，在向客户提供持续更新和优化的技术方案的同时，满足客户特殊需求。第四方物流服务供应商可以通过物流运作的流程再造，使整个物流系统的流程更合理、效率更高，从而将产生的利益在供应链的各个环节之间进行平衡，使每个环节的企业客户都可以受益。如果第四方物流服务供应商只是提出一个解决方案，但是没有能力来控制这些物流运作环节，那么第四方物流服务供应商所能创造价值的潜力也无法被挖掘出来。因此，第四方物流服务供应商对整个供应链所具有的影响能力直接决定了其经营的好坏，也就是说第四方物流除了具有强有力的人才、资金和技术以外，还应该具有与一系列服务供应商建立合作关系的能力。

③ 需具备一定的条件：例如，能够制订供应链策略、设计业务流程再造、具备技术集成和人力资源管理的能力；在集成供应链技术和外包能力方面处于领先地位，并具有较雄厚的专业人才；能够管理多个不同的供应商并具有良好的管理和组织能力等。

④ 集约化、信息化：4PL的经营集约化是指通过专业化和规模化运营使物流更快、更省，降低客户物流成本，提高产品的竞争力，这一特征已经成为4PL具有强大生命力的重要保证。

⑤ 综合性：4PL提供了一个综合性供应链解决方案，以有效地适应需方多样和复杂的需求，集中所有的资源为客户完善地解决问题。

⑥ 低成本、高收益：通过影响整个供应链来获得价值，即其能够为整条供应链的客户带来较好的收益。

26 电子合同与电子签名是否具有法律效用？

最新《中华人民共和国合同法》第三十二条规定：当事人采用合同书形式订立合同的，自双方当事人签字或者盖章时合同成立。第三十三条规定：当事人采用信件、数据电文等形式订立合同的，可以在合同成立之前要求签订确认书。签订确认书时合同成立。

签订电子合同，当事人之间使用计算机电子数据交换，合同主要条款也是通过计算机屏幕显示，不存在任何传统意义上的书面形式，因此只能以电子数字签名（加密）的形式，证明合同的成立。对此，新合同法立法之时已注意到这一客观现实，采取了较为灵活的态度，按照该条款理解：电子合同当事人双方既可以直接使用电子签名，也可以根据实际情况，首先签订使用这种方法的确认书，使合同成立生效。这间接地承认了电子签名（加密）的合法性和有效性。

27 什么是移动电子商务？它有哪些特点？

移动电子商务（M-Commerce）由电子商务（E-Commerce）的概念衍生出来，通过手机、PDA（个人数字助理）这些可以装在口袋里的终端来实现无论任何时间（Anytime）、任何地点（Anywhere）都可以处理任何事情（Anything）。移动电子商务就是利用手机、PDA 及掌上电脑等无线终端进行的 B2B、B2C 或 C2C 的电子商务。它把因特网、移动通信技术、短距离通信技术及其他信息处理技术完美结合，使人们可以在任何时间、任何地点进行各种商贸活动，实现随时随地、线上线下的购物与交易、在线电子支付以及各种交易活动、商务活动、金融活动和相关的综合服务活动等。

移动电子商务的主要特点有：

① 方便：移动终端既是一个移动通信工具，又是一个移动POS 机，一个移动的银行 ATM 机；用户可在任何时间、任何地点进行电子商务交易和办理银行业务，包括支付。

② 不受时空控制：移动商务是电子商务从有线通信到无线通信、从固定地点的商务形式到随时随地的商务形式的延伸，其最大优势就是移动用户可随时随地获取所需的服务、应用、信息、和娱乐。

③ 安全：使用手机银行业务的客户可更换为大容量的 SIM卡，使用银行可靠的密钥，对信息进行加密，传输过程全部使用密文，确保了安全可靠。

④ 开放性、包容性：移动电子商务因为接入方式无线化，使得任何人都更容易进入网络世界，从而使网络范围延伸更广阔、更开放；同时，使网络虚拟功能更带有现实性，因而更具有包容性。

⑤ 潜在用户规模大：截至 2015 年年底，我国的移动电话用户已接近 13.06 亿，是全球之最。显然，从电脑和移动电话的普及程度来看，移动电话远远超过了电脑。

⑥ 易于推广使用：移动通信所具有的灵活、便捷的特点，决定了移动电子商务更适合大众化的个人消费领域。

⑦ 迅速灵活：用户可根据需要灵活选择访问和支付方法，并设置个性化的信息格式。

28 **什么是手机银行?**

手机银行，就是指在手机上可以办理相关银行业务，是一种方便、快捷的崭新服务，也称为移动银行（Mobile Banking Service）。手机银行并非电话银行，是基于短信服务的一种银行服务，它的优越性集中体现在便利性上，客户利用手机银行不论何时何地均能及时交易，节省了 ATM 机和银行窗口排队等候的时间。

手机银行是由手机、GSM 短信中心和银行系统构成。在手机银行的操作过程中，用户通过 SIM 卡上的菜单对银行发出指令后，SIM 卡根据用户指令生成规定格式的短信并加密，然后指示手机向 GSM 网络发出短信，GSM 短信系统收到短信后，按相应的应用或地址传给相应的银行系统，银行对短信进行预处理，再把指令转换成主机系统格式，银行主机处理用户的请求，并把结果返回给银行接口系统，接口系统将处理的结果转换成短信格式，短信中心将短信发给用户。

29 网络客服常用的工具有哪些？

网络客服的常用工具包括以下几种：

① 电话服务工具。

② 即时通信工具。

③ 电子邮件工具。

④ FAQ（Frequently Asked Questions，常见问题解答）。

30 什么是快捷支付？快捷支付是否安全？

快捷支付是一种全新的支付理念，具有方便、快速的特点，是未来消费的发展趋势，其特点体现在"快"。快捷支付指用户购买商品时，不需开通网银，只需提供银行卡卡号、户名、手机号码等信息，银行验证手机号码正确性后，第三方支付发送手机动态口令到用户手机号上，用户输入正确的手机动态口令，即可完成支付。如果用户选择保存卡信息，则用户下次支付时，只需输入第三方支付的支付密码或者是支付密码及手机动态口令即可完成支付。

快捷支付在享有方便、快速的同时，也面临着支付安全方面的问题，网络、手机支付等支付工具的终端将成为黑客的目标。由于快捷支付只需要用户的身份证号、银行卡号以及在银行预留的手机号所接收的验证码就可以完成付款，跳过了银行的种种安全措施，其安全性大打折扣，给了盗贼以可乘之机。盗贼只要得知了他人的身份证号、银行卡号，拿到他人的手机验证码便可以用他人的姓名开通支付宝、财付通等第三方支付平台的快捷支付，从而把他人银行卡里的钱都据为己有。因此，建议大家不要把自己的工资卡和快捷支付挂钩。

31　如何上网购物？

以淘宝平台为例（其他购物平台类似），一般上网购物包括账户注册、搜索商品、购买、选择支付方式、付款、收货并评价等几个步骤，如图 5-1 所示。

图 5-1　淘宝购物流程

32　如何开通网银及支付宝？

开通网银：带身份证和银行卡到开户行办理网上银行业务。办理时会需要购买一个网银盾（有的银行免费）。办理好后登录该银行（如建行）的网页，激活即可。

开通支付宝：

①首先打开支付宝首页，在网页的右侧单击【免费注册】链接。②进入注册页面，可以选择个人账户和企业账户。这里以"个

人账户"为例，选择"使用邮箱注册"方式，输入电子邮箱地址，并进入电子邮箱内获取验证码，返回注册页面输入验证码信息，单击【下一步】按钮。③在填写账户信息页面中，填写相关信息即可，最后单击【确定】按钮，注册完成。④注册成功后，用该账号登陆支付宝，并绑定银行卡，即可使用支付宝。

33 什么是微信支付？

微信支付是集成在微信客户端的支付功能，用户可以通过手机完成快速的支付流程。微信支付以绑定银行卡的快捷支付为基础，向用户提供安全、快捷、高效的支付服务。用户只需在微信中关联一张银行卡，并完成身份认证，即可将装有微信 APP 的智能手机变成一个全能钱包，之后即可购买合作商户的商品及服务，用户在支付时只需在自己的智能手机上输入密码，无需任何刷卡步骤即可完成支付，整个过程简便流畅。

34 什么是微视？

微视是腾讯旗下短视频分享社区。作为一款基于通讯录的跨终端跨平台的视频通话软件，其微视用户可通过 QQ 号、腾讯微博、微信以及腾讯邮箱账号登录，可以将拍摄的短视频同步分享到微信好友、朋友圈、QQ 空间、腾讯微博。

35 什么是微课？

微课是指教师在课堂内外教育教学过程中围绕某个知识点（重点难点疑点）或技能等单一教学任务进行教学的一种教学方式，具有目标明确、针对性强和教学时间短的特点。微课的核心组成内容是课堂教学视频（课例片段），同时还包含与该教学主题相关的教学设计、素材课件、教学反思、练习测试及学生反馈、教师点评等辅助性教学资源，它们以一定的组织关系和呈现方式共同"营造"了一个半结构化、主题式的资源单元应用"小环境"。

36　怎样在政府采购机票管理网上订机票？

购票人可以通过委托的方式进行购票，如图5-2所示，具体购票流程说明如下：

① 确定服务商：登陆政府采购机票管理网站（www. gpticket. org）；点击服务商查询模块，查看服务商列表；选择具体服务商，点击服务商名称，查看联系方式；电话联系服务商，或者直接前往服务商网点。

② 验证身份信息：购票人告知服务商购票需求及票款支付方式；购票人根据支付方式，向服务商提供相应的验证信息；如果是公务卡支付，应提供乘机人姓名、身份证号、公务卡发卡行信息；如果是预算单位提供支票或转账方式支付，应提供实际付款的预算单位全称（预算单位全称应与支票上的盖章/转账单位名称相符）；服务商对身份信息/预算单位信息进行验证，验证通过，方可订购政府采购机票。

③ 订票、出票：购票人提供乘机人证件号码、航程等相关信息；服务商进行订座、出票操作。

④ 获取报销凭证：出票成功后，服务商打印标有政府采购机票查验单号的电子客票行程单、政府采购机票查验单；服务商将报销凭证交付给购票人。

⑤ 支付票款：购票人使用公务卡支付的，应通过 POS 机刷卡的方式，将票款支付给服务商；购票人使用预算单位支票支付的，须将加盖有预算单位名称印章且用途为"公务机票购票款"

的支票交给服务商；购票人使用预算单位转账方式支付的，则需要预算单位将票款转账到服务商开设的政府采购机票一般结算账户，用途为"公务机票购票款"。

⑥ 出行：乘机人持本人身份证件乘机出行。

⑦ 换开票：购票人联系出票服务商，告知原航班信息、新的航班信息（换开票时，乘机人信息不能修改）；服务商进行换开票操作；如需补交票款，购票人按照原支付方式（公务卡/预算单位转账/预算单位支票），将补交的票款支付给服务商。

图 5-2 委托购票流程

37 什么是林产品？林产品发展电子商务的优势是什么？

林产品：是指林木产品、林副产品、林区农产品、苗木花卉、木制品、木工艺品、竹藤制品、艺术品、森林食品、林产化工产品，以及与森林资源相关的产品。林产品以其天然、绿色、环保等优势，成为健康产业的主流，特别是在食品、医药、保健等领域被广泛应用，被越来越多的人所追求。近年来，随着科学技术的发展，林产品的精深加工、衍伸产品日趋增多，已经成为林区广大职工再就业、致富的主要途径。从我国的统计口径来看，林产品包括林业部门和其他部门生产的上述各类产品，还包括种苗、花卉、种子、林业机械、园林机械、林区土特产品、林果类产品等。林产品发展电子商务已经成为未来行业电子商务发展的重要趋势之一。

38　什么是"蓝牙"（Bluetooth）？

Bluetooth 是由爱立信、IBM、诺基亚、英特尔和东芝共同推出的一项短程无线连接标准，旨在取代有线连接，实现数字设备间的无线互联，以便确保大多数常见的计算机和通信设备之间可方便地进行通信。"蓝牙"作为一种低成本、低功率、小范围的无线通信技术，可以使移动电话、个人电脑、个人数字助理（PDA）、便携式电脑、打印机及其他计算机设备在短距离内无需线缆即可进行通信。例如，使用移动电话在自动售货机处进行支付，这是实现无线电子钱包的一项关键技术。"蓝牙"支持 64kb/s 实时话音传输和数据传输，传输距离为 10～100m，其组网原则采用主从网络。

蓝牙是无线数据和语音传输的开放式标准，它将各种通信设备、计算机及其终端设备、各种数字数据系统，甚至家用电器采用无线方式连接起来。它的传输距离为 0.1～10m，如果增加功率或是加上某些外设便可达到 100m 的传输距离。

中国林业产业网和中国林业产权交易所网是否属于电子商务网站？

属于电子商务网站，中国林业产业网的网址为"http://www.chinalycy.com/Index.html"；中国林业产权交易所网址为 http://www.chinaforest.com.cn，该交易所主要有林产品服务中心、茶交易中心、纸浆交易服务中心、林下作物与珍贵木材中心等几家服务中心。

 什么是 CA 证书？

CA（Certification Authority）是认证机构的国际通称，它是对数字证书的申请者发放、管理、取消数字证书的机构。CA 的作用是检查证书持有者身份的合法性，并签发证书（用数学方法在证书上签字），以防证书被伪造或篡改。证书的内容包括：电子签证机关的信息、公钥用户信息、公钥、权威机构的签字和有效期等。目前，证书的格式和验证方法普遍遵循 X.509 国际标准。

六
SIX

▼

信息安全篇 40 问

01　什么是信息安全?

　　信息安全是指信息系统（包括硬件、软件、数据、人、物理环境及其基础设施）受到保护，不受偶然的或者恶意的原因而遭到破坏、更改、泄露，系统连续可靠正常地运行，信息服务不中断，最终实现业务连续性。信息安全主要包括以下五方面的内容：保证信息的保密性、真实性、完整性、未授权拷贝和所寄生系统的安全性。

02　信息安全的主要威胁有哪些?

　　信息安全面临的威胁主要来自以下几个方面：自然灾害、意外事故；计算机犯罪；人为错误，如使用不当，安全意识差等；"黑客"行为；内部泄密；外部泄密；信息丢失；电子谍报，如信息流量分析、信息窃取等；信息战；网络协议自身存在缺陷，如TCP/IP 协议的安全问题，等等。

03 维护信息安全的主要目标有哪些?

维护信息安全的主要目标是要保证信息的如下特征。

① 真实性:对信息的来源进行判断,能对伪造来源的信息安全相关书籍予以鉴别。

② 保密性:保证机密信息不被窃听,或窃听者不能了解信息的真实含义。

③ 完整性:保证数据的一致性,防止数据被非法用户篡改。

④ 可用性:保证合法用户对信息和资源的使用不会被不正当地拒绝。

⑤ 不可抵赖性:建立有效的责任机制,防止用户否认其行为,这一点在电子商务中是极其重要的。

⑥ 可控制性:对信息的传播及内容具有控制能力。

⑦ 可审查性:对出现的网络安全问题提供调查的依据和手段。

04 我国信息安全保护等级主要有几级?

主要有四级:第一级适用于小型私营、个体企业、中小学、乡镇所属信息系统、县级单位中一般的信息系统;第二级适用于县级某些单位中的重要信息系统,地市级以上国家机关、企事业单位内部一般的信息系统;第三级适用于地市级以上国家机关、企业、事业单位内部重要的信息系统;第四级一般适用于国家重要领域、部门中涉及国计民生、国家利益、国家安全,影响社会稳定的核心系统。

05 灾难备份系统的主要作用是什么?

通过备份信息系统内的重要数据,使得在自然灾害、黑客、人为失误等灾难发生后，重要数据可以在第一时间得到恢复；灾难备份使得重要数据业务可以在设定的时间内恢复，从而实现业务的连续运行。

06　什么是计算机病毒？

计算机病毒是编制者在计算机程序中插入的破坏计算机功能或者数据的代码，能影响计算机使用、能自我复制的一组计算机指令或者程序代码。

07　感染病毒的常见征兆通常有哪些？

出现不应有的特殊字符或图像，经常无故死机，系统随机发生重新启动或者无法正常启动，运行速度明显变慢，自动连接到陌生的网站等。

08　计算机病毒主要有哪些种类？

按病毒存在的媒体通常划分为：网络病毒、文件病毒、引导型病毒等。

09　计算机病毒的主要传播途径有哪些？

计算机病毒现今第一大传播途径主要是互联网传播，用户在访问携带病毒的网页或者访问下载染毒的文件时感染病毒，另外一些木马程序获取计算机的权限后，会植入其他病毒。其次是通过移动存储器感染，因此建议外来的 U 盘或移动硬盘先杀毒再打开。

10 什么是木马病毒?

木马病毒的表现形式简单来说就是一台计算机通过互联网来非法控制另一台计算机,以达到非法获取计算机权限和数据的目的。木马病毒通常不破坏计算机里的文件,其目的是获取里面的资料,因此感染木马病毒后计算机一般不会有比较明显的症状。

11 什么是蠕虫病毒?

蠕虫病毒是计算机病毒的一种,主要利用互联网进行自身复制与传播,目前主要传播途径是系统漏洞、聊天软件、电子邮件。

12 如何预防计算机感染病毒?

不轻易打开来历不明的电子邮件;使用新的计算机系统或软件时,先杀毒后使用;备份系统和参数,建立系统的应急计划;安装杀毒软件和分类管理数据。

13 如何预防手机感染病毒?

一是不要轻易下载不明 APP 手机应用程序;二是不要轻易打开好友发来的连接或信息;三是不要随意连接 WiFi 信号,尤其未经加密的公开网络;四是必须要安装一款手机杀毒防护软件。

14 常用的杀毒软件有哪些?

市场上常见的杀毒软件有 360 杀毒、百度杀毒、金山、瑞星、小红伞、卡巴斯基、NOD32、AVAST 杀毒等。

15　什么是黑客？

黑客通常定义为一群未经许可入侵对方计算机系统的人。

16　黑客采取的主要攻击手段有哪些？

黑客常用的攻击手段有后门程序、信息炸弹、拒绝服务和网络监听四种方式。

17　防火墙有什么作用？

网络术语中的防火墙，是指一种将内部网和公共互联网进行隔离的技术。防火墙内置了一套访问控制列表，它能允许经你"同意"的人和数据进入你的网络，同时阻止你未"同意"的人和数据访问你的网络，可以最大限度地阻止互联网中的入侵者。

18　防火墙的主要类型有哪些？

从软、硬件形式上主要分为软件防火墙和硬件防火墙。软件防火墙一般应用在个人计算机上，占用计算机资源，费用较低，性能较差。而硬件防火墙一般用在大型网络上，不单独占用个人计算机资源，费用较高，性能较强。

19　防火墙与杀毒软件有什么区别？

两者定位不同，防火墙是位于计算机和它所连接的网络之间的软件，安装了防火墙的计算机流入流出的所有网络通信均要经过此防火墙，作用主要是防范从网络外部发起的攻击；而杀毒软件是杀掉已经入侵计算机或网络的病毒。

20 什么是入侵检测？

入侵检测是一种对网络传输进行即时监视，在发现可疑传输时发出警报或者采取主动反应措施的网络安全设备。

21 单位或公司里的安全审计系统是做什么用的？

单位或公司审计系统主要是记录与审查单位局域网用户操作计算机及网络系统活动的过程，是提高系统安全性的重要举措。系统活动包括操作系统活动和应用程序进程的活动。用户活动包括用户在操作系统和应用程序中的活动，如用户所使用的资源、使用时间、执行的操作等。

22 什么是商用密码？

商用密码是指对不涉及国家秘密内容的信息进行加密保护或者安全认证所使用的密码技术和密码产品。

23 怎样管理个人密码？

最好将个人密码分等级管理，如涉及财产和交易安全的为最高等级，邮件、QQ 或微信为第二级，在各大网站临时注册用为最低级。各等级密码按使用场合分类，坚决不要混用，这样只需记住几个密码就可以最大限度防止密码泄露带来的危害。

24　怎样设置密码比较安全?

由于网络上有各种密码破解工具,所以密码越简单越有规律,破解起来越快。因此,使用【数字】＋【大小写字母】＋【符号】的密码且位数越长相对越安全。

25　手机上,哪些手势密码是不安全的?

首先是用字母来做手势密码,如"Z"、正反"L";其次是以中心起点的"<"和">"这些手势密码是最容易被破解的。

26　什么是数字签名?

数字签名是一种基于信息技术的虚拟签名,是只有信息的发送者才能生成的一段无法伪造的数字串,这段数字串是对信息发送者所发送信息真实性的一个有效证明。

27　什么是系统漏洞?

系统漏洞是指应用软件或操作系统软件在逻辑设计上的缺陷或错误。

28　系统漏洞的危害有哪些?

系统漏洞可以被不法者利用通过网络植入木马、病毒等方式来攻击或控制整个电脑,窃取电脑中的重要资料和信息,甚至破坏系统。

29 如何修复系统漏洞?

可以到操作系统官方网站去下载漏洞补丁,或者通过 360 安全卫士或金山卫士等安全软件来自动修复系统漏洞。

30 家用无线网络是否需要设置密码?

家庭无线网络一定要设置密码,且密码要相对复杂些,防止蹭网和非法入侵。

31 如何防止被蹭网?

① 设置无线访问密码。
② 禁止 SSID 广播来隐藏无线网络名称。

32 Windows 7 系统下如何给 U 盘加密?

① 在 Windows 7 开始菜单中,单击【控制面板】→【系统与安全】选项。
② 选择【BitLocker 驱动器加密】。
③ 打开【我的电脑】找到 U 盘,点击后面的【BitLocker 加密】。
④ 输入密钥后点击【启动加密】。

33 如何清除上网痕迹?

① 打开 360 浏览器,在标题栏上右击,从弹出的快捷菜单中

勾选【菜单栏】命令以便让菜单栏显示出来，若已显示出来可以省略此步骤。

②单击【工具】菜单，在下拉菜单中选择【清除上网痕迹】命令，在弹出的窗口中根据需要选择要删除的内容，最后点击【删除】按钮即可删除上网的浏览记录。

34 什么是涉密网?

网络内传输的信息属涉及国家机密或内部机密的信息的网络通常单独建立，不与互联网等其他公共网络接通。

35 单位的政务内网可否传输涉密文件?

不可以传输涉密文件，涉密文件必须在涉密网内传输，而政务内网不属于涉密网。

36 什么是人肉搜索?

人肉搜索简称人搜，区别于机器搜索（简称为"机搜"），是一种以互联网为媒介，部分基于用人工方式对搜索引擎所提供信息逐个辨别真伪，部分又基于通过匿名知情人提供数据的方式搜集信息，以查找人物或者事件真相的群众运动。

37 什么是钓鱼网络?

钓鱼网络是通过大量发送声称来自于银行或其他知名机构的欺骗性垃圾邮件，意图引诱收信人给出敏感信息（如用户名、口令、账号 ID、ATMPIN 码或信用卡详细信息）的一种攻击方式。

38 什么是伪基站?

"伪基站"即假基站,通过短信群发器、短信发信机等相关设备能够通过伪装成运营商的基站,冒用他人手机号码在一定范围内强行向用户手机发送诈骗、广告推销等短信息。

39 如何处理旧手机?

旧手机里面存储了大量个人隐私信息,即使删除也可能通过数据恢复手段找回,因此不建议转卖个人旧手机,即使转卖也建议拔掉个人存储卡和恢复手机出厂设置清空里面内容。

40 手机丢失后能否追踪其位置?

可以,现在主流品牌手机都提供了此项功能和服务。

七

SEVEN

▼

常见故障处理篇 60 问

01 遇到不会读的字怎么用拼音打出来？

遇到不认识的字，想用拼音打出来，那么先选择"搜狗拼音输入法"，输入拼音"u"，然后打组成这个字的各个部首的读音。

例如垚（zhuang）这个字，由三个"土"组成，在不知道怎么读的情况下，打"ushishishi"就可以出来这个字了；另外如"萌"，它可以分为"草"字头和"日""月"，那么它的拼音就是"ucaoriyue"。

使用搜狗输入法，"u＋各部分拼音"为什么能打出生僻字来？搜狗拼音输入法"U模式"是专门为输入不会读的字所设计的。

02 如何恢复已删除的文件？

平时在操作电脑文件的时候，会删除一些自认为没用的文件，结果导致很多问题。还有就是由于不小心误删除了一些重要的文件资料。这里教大家如何恢复已删除的文件。

① 打开系统回收站中查看一下是不是还保存在回收站里面，若在回收站中，在需要恢复的文件上面点击鼠标右键，然后点击"还原"命令，此文件便还原到删除前的位置了。

② 如果发现回收站里也已经没有了，即已经彻底删除了，这时通过常规方法就不能将文件恢复了，必须要借助软件。在百度搜索一款删除文件恢复大师软件，下载之后安装，安装后打开应用。

03 【Delete】键删除和【Shift】＋【Delete】组合键删除有什么不同？

【Delete】键删除是把文件删除到回收站，需要手动清空回收站处理掉。

【Shift】＋【Delete】删除是把文件删除但不经过回收站，不需要再手动清空回收站。

04 为什么系统启动会比之前慢（Windows 7）？

要设置一下启动系统所需要的处理器核心数量，因为Windows 7 系统默认启动是用一个处理器的核心的，我们可以增加它的数量。

① 点击【开始】菜单，在"搜索程序和文件"运行框中输入"msconfig"，按【Enter】键，打开【系统配置】对话框，如图 7-1所示。

② 点击【引导】→【高级选项】按钮，在【引导高级选项】对话框中，勾选"处理器数"复选框，处理器是双核的，就显示2，然后就选择 2，点击【确定】，如图 7-2 所示。

图 7-1 【系统配置】对话框

图 7-2 【引导高级选项】对话框

③ 禁用没有必要的开机启动项。在【系统设置】对话框中选择【启动】选项卡，去除没有必要的应用程序前的"√"来减少启动项的数量，如图 7-3 所示。

图 7-3 【系统配置/启动】对话框

 05 电脑运行时速度变得很慢（Windows 7）？

电脑运行一段时间后，启动速度越来越慢，打开一个程序就要很长时间，在操作过程中还不时罢工，真的只能重装操作系统了吗？

具体操作：

① 首先在电脑上都安装了如 360 安全卫士等软件。

② 打开"360 安全卫士"。点击"电脑清理"，先清理掉多余的系统垃圾，如图 7-4 所示。

③ 将窗口中的选项全部勾选，然后点击"一键扫描"，如图 7-5 所示。

图 7-4 【360 安全卫士】窗口

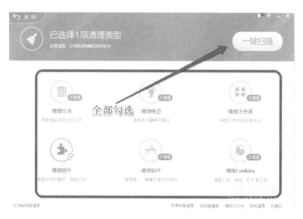

图 7-5 【一键扫描】窗口

④ 扫描完成后，点击"一键清理"，就可将垃圾清理掉，加快系统运行速度。

⑤ 返回"主界面"，单击"优化加速"，在新窗口中将其中的选项全部勾选后，点击"开始扫描"。

⑥ 扫描结束后，可点击"立即优化"。经过以上的清理加速，系统的运行速度会有明显的提升。

06 系统启动后操作有延迟（Windows 7）?

症状：启动刚进入系统界面时，点什么都打不开，要等一分钟左右才能打开。

解决办法：

① 首先，升级杀毒软件的病毒库，全面杀毒，以排除病毒原因。

② 进入系统后，按【Win】＋【R】组合键，打开【运行】窗口，输入"msconfig"命令后按【Enter】键，如图 7-6 所示。

图 7-6 【运行】对话框

③ 打开【系统配置实用程序】窗口，切换到【启动】标签页，将不需要自动启动的程序的复选框取消选中，如图 7-7 所示。

图 7-7 【系统配置】对话框

④ 将一些不重要、不需要的服务以及启动程序关闭，点击【确定】按钮，然后重启计算机即可。

 07　Windows 7"快速启动"栏重启后怎么消失了？

① 进入系统后，按【Win】＋【R】组合键，打开【运行】对话框，输入"gpedit.msc"命令，单击【确定】按钮，如图7-8所示。

图7-8　【运行】对话框

② 打开【本地组策略】窗口，依次展开【用户配置】→【管理模板】→【开始-菜单和任务栏】节点，然后在右窗口中双击【在任务栏上显示快速启动】选项，如图7-9所示。

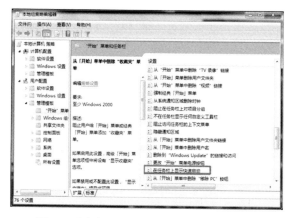

图7-9　【在任务栏上显示快速启动】对话框

③ 弹出【在任务栏上显示快速启动】对话框，将【未配置】修改为【启用】，如图 7-10 所示。

图 7-10　【在任务栏上显示快速启动】对话框

④ 再重启电脑，添加快速启动栏，之后便可以锁定任务栏了。

08　如何让 Windows 7 系统自动登录？

① 打开电脑，按下键盘上的【Win】＋【R】组合键，在打开栏输入"netplwiz"，点击确定运行该命令，如图 7-11 所示。

图 7-11　【运行】对话框

② 在【用户帐户】对话框中，取消"要使用本机，用户必须输入用户名和密码"复选项，然后点击【应用】按钮，如图 7-12 所示。

图 7-12 【用户帐户】对话框

③ 点击【确定】保存设置。下一次登录电脑就不会再需要输入密码了，如图 7-13 所示。

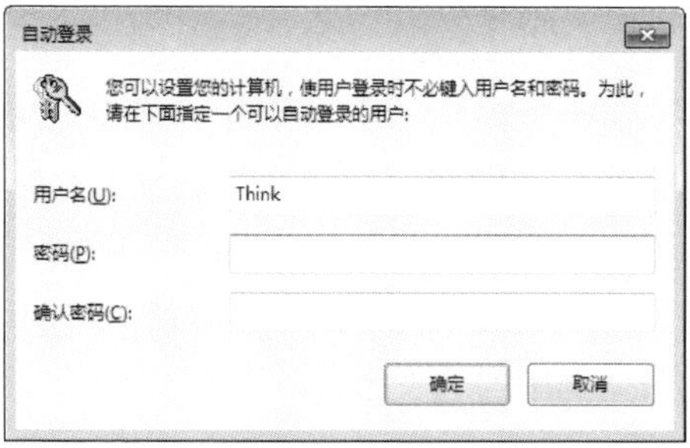

图 7-13 【自动登录】对话框

④ 设置完成后，如果需要密码登录，只需在这里，打开勾选的【要使用本机，用户必须输入用户名和密码】这条选项，就可以了。

 09 如何加快系统关机速度（Windows 7）？

① 打开电脑后，按下键盘上的【Win】＋【R】组合键，在【运行】对话框中输入"gpedit.msc"，按【Enter】键，弹出【本地组策略编辑器】窗口，如图 7-14 所示。

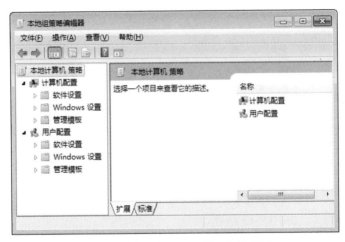

图 7-14 【本地组策略编辑器】对话框

② 在【本地组策略编辑器】窗口中，依次点击【计算机配置】→【管理模板】→【系统】→【关机选项】命令，在右侧【设置】栏中双击"关闭会阻止或取消关机的应用程序的自动终止功能"命令，并在弹出的【关闭会阻止或取消关机的应用程序的自动终止功能】对话框中勾选"已启用"单选项，最后单击【确定】按钮。

10 如何让 Windows 7 关机时自动清理页面文件？

① 进入系统后，按【Win】＋【R】组合键，打开【运行】对话框，输入 "regedit" 命令，单击【确定】按钮，如图 7-15 所示。

图 7-15 【运行】对话框

② 打开【注册表编辑器】窗口依次展开 "HKEY-LOCAL-MACHINE\SYSTEM\CURRENTCONTROLSET\CONTROL\SESSIONMANAGER\MEMORY MANAGEMENT"，在右侧窗口中找到并双击 "CLEAR PAGEFILEAT SHUTDOWN" 节点，如图 7-16 所示。

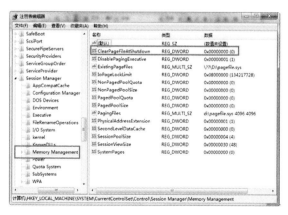

图 7-16 【注册表编辑器】对话框

③ 在弹出的【编辑 DWORD（32 位值）】对话框中设置"基数"为"16 进制"，并将左边的"数值数据"改为 1，如图 7-17 所示。

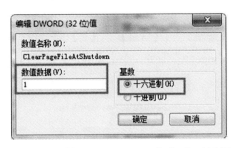

图 7-17 【编辑 DWORD（32 位值）】对话框

④ 修改后保存设置，这样就启用了关机时自动清理页面文件的功能。

 11 如何使用快捷键关闭 Windows 7?

方法一：按【Win】+【→】组合键，再按【Enter】键进行快速关机。

方法二：【Alt】+【F4】进行快速关机。

方法三：自己指定快捷键进行快速关机。

① 首先在桌面空白处单击鼠标右键，打开的右键菜单指向"新建"，在子菜单单击"快捷方式"。

② 弹出的【创建快捷方式】向导，在对象的位置一栏下键入"shutdown-s"命令，单击"下一步"继续，如图 7-18 所示。

③ 为该快捷方式命名，如"快捷关机"，最后单击【完成】按钮创建快捷方式，如图 7-19 所示。

④ 在桌面上建好这个快捷方式后，可以进行属性设置，选中所建立好的"快捷关机"快捷方式按右键，选中"属性"，如图 7-20 所示。

图 7-18 【快捷方式向导】对话框

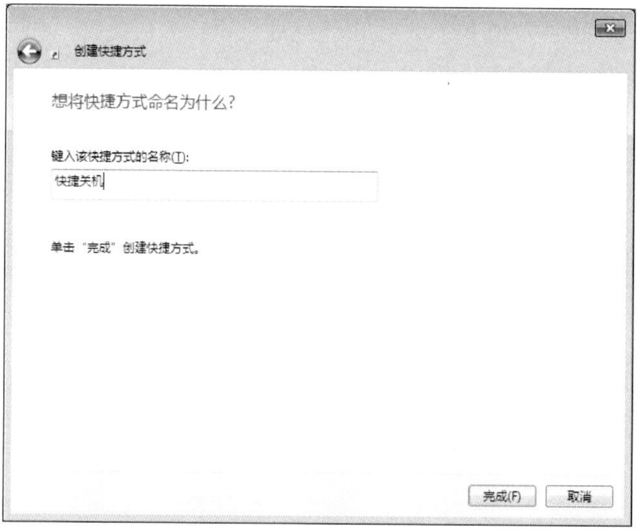

图 7-19 【快捷方式向导】对话框

图 7-20 【快捷关机 属性】对话框

⑤ 如图 7-20 所示，在快捷键处设定一个快捷键，如 F12，然后点击【确定】。

12 如何快速关闭没有响应的程序（Windows 7）？

方法一：按【Ctrl】＋【Alt】＋【Delete】组合键，然后点击【启动任务管理器】命令，在弹出的【任务管理器】对话框中的"应用程序"栏中选择没有响应的程序，点击【结束任务】按钮即可。

方法二：

① 可以自己创建一个小"工具"来解决这个问题，首先在桌面空白处鼠标右键，打开的右键菜单指向【新建】，在子菜单单击【快捷方式】。

② 在弹出的【创建快捷方式】向导，在对象的位置一栏下键

入 taskkill /F /FI "STATUS eq NOT RESPONDING"命令，单击"下一步"继续，如图 7-21 所示。

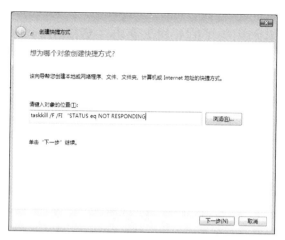

图 7-21 【快捷方式向导】对话框

③ 为该快捷方式命名，如强行关闭无响应的程序，最后单击【完成】按钮创建快捷方式，如图 7-22 所示。

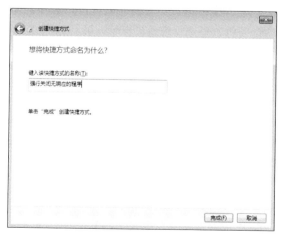

图 7-22 【快捷方式向导】对话框

④ 接下来再遇到 Windows 7 系统程序未响应的情况，我们直接双击运行这个快捷方式即可解决。

13 电脑用久了假死机怎么办（Windows 7）？ ▬▬

方法一：关闭缩略图功能。

在计算机硬件配置略低的 Windows 7 系统中，我们尝试打开含有多个视频文件或若干图像文件的文件夹时，Windows 7 系统可能会出现立即假死现象。引起这种系统假死现象的主要原因是打开这样的文件夹时，Windows 7 系统在短时间内同时创建若干个缩略图，而创建缩略图的操作会急剧消耗大量系统资源、直到 Windows 7 系统出现假死现象。很显然，只要关闭该系统的缩略图显示功能，就能解决打开含有视频或图像文件夹引起的系统假死现象。

首先，依次打开单击【开始】→【所有程序】→【附件】→【Windows 资源管理器】，随意选中一个文件，单击工具栏中"更改您的视图"选项旁边的下拉按钮，从下拉列表中选择"小图表"选项；其次，单击【组织】→【文件夹和搜索选项】命令，弹出文件夹选项设置框，点选"查看"标签，展开如图 7-23 所示的标签设置页面，选中"始终显示图标，从不显示缩略图"选项，再按【确定】按钮就能关闭缩略图功能了。

方法二：自动关闭假死程序。

有的应用程序由于操作不当或其他原因，出现了假死现象，该现象可能会连带 Windows 7 系统发生假死现象。遇到由这种原因引起的 Windows 7 假死现象时，我们只需按照如下步骤修改该系统注册表，强制系统自动关闭那些发生假死的应用程序，就能恢复 Windows 7 系统的正常工作状态。

首先，依次单击【开始】→【运行】命令，在系统运行框中执行"regedit"命令，弹出注册表编辑窗口，依次跳转到 HKEY_

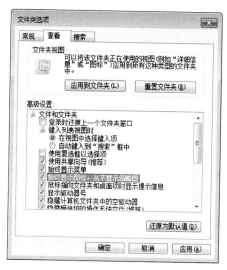

图 7-23 关闭缩略图功能

CURRENT_USER\Control Panel\Desktop 注册表节点上。

其次，用鼠标双击目标节点下的字符串键值"WaitToKillApp-Timeout"，弹出如图 7-24 所示的编辑字符串对话框，在其中输入"10000"或更小的数字，并单击【确定】按钮保存设置，再刷新系统注册表，这样 Windows 7 系统日后发现应用程序 10 秒钟或指定时间内没有响应时，就会自动关闭应用程序，而不会造成 Windows 7 系统发生假死现象，如图 7-24 所示。

图 7-24 编辑字符串

方法三：调整系统缺省"库"。

用鼠标双击 Windows 7 系统资源管理器中的某个磁盘分区图

标时，鼠标指针可能始终处于圆环形"运行"状态，在这种状态下如果强行点击资源管理器窗口中的"关闭"按钮，Windows 7 系统可能会弹出"未响应"，这种现象也有可能引发 Windows 7 系统假死现象。之所以会出现这种现象，很可能是系统资源管理器缺省"库"调整了，此时我们不妨调整系统缺省"库"来解决这种问题。

首先，依次单击【开始】→【所有程序】→【附件】→【Windows 资源管理器】选项，用鼠标右键单击"资源管理器"选项，从弹出的快捷菜单中执行"属性"命令，弹出如图 7-25 所示的属性对话框。

图 7-25　资源管理器属性

其次，切换到"快捷方式"标签设置页面，在该页面的目标文本框中输入"%windir%\explorer.exe"字符串内容，再单击【确定】按钮保存设置操作，这样 Windows 7 系统就能直接打开磁盘分区窗口，而很少发生假死现象。

方法四：调整系统兼容性。

有时，运行一些特定的应用程序时，Windows 7 系统也有可能发生假死现象，这种现象多半是应用程序与 Windows 7 系统不相兼容引起的。此时，我们不妨尝试调整系统兼容性，来恢复 Windows 7 系统的工作状态。

首先，打开该系统的资源管理器窗口，打开目标应用程序的运行文件，用鼠标右键单击该文件，从弹出的快捷菜单中执行"属性"命令，展开该运行文件的属性对话框。

其次，点选"兼容性"标签，打开如图 7-26 所示的标签设置页面，选中"以兼容性模式运行这个程序"选项，同时从该选项的下拉列表中选中"Windows XP（Service Pack3）"，再按【确定】保存设置。这样以后再次运行相同的应用程序时，Windows 7 系统就不大容易发生假死现象了。

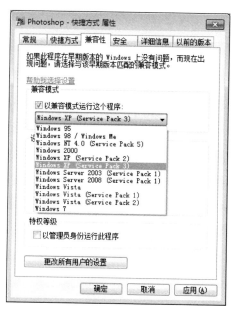

图 7-26　以兼容性模式运行程序

方法五：善用系统修复功能。

如果 Windows 7 系统频繁假死，而用户又没有及时采取措施进行应对。那么，总有一天该系统会濒临崩溃。为了彻底解决 Windows 7 系统频繁假死现象，我们不妨使用该系统自带的修复功能，尝试将系统工作状态恢复到正常。

在使用 Windows 7 系统的修复功能时，可以在系统启动过程中及时按下 F8 功能键，当弹出系统选择菜单时，选中"修复计算机"选项，并单击【Enter】键确认，之后按照向导提示就能进入到"系统恢复选项"页面。

选中"启动修复"选项，Windows 7 系统就能自动修复本地系统可能存在的各种隐性错误，整个修复过程不需要用户介入，当修复操作结束后要弹出"请重启计算机，以完成修复"时，那么用户只要重启 Windows 7 系统就能解决问题了。要是屏幕出现"系统修复无法自动修复此计算机"提示，就意味着 Windows 7 系统的自动修复操作失败，此时可以通过该系统自带的"系统还原"或"系统映像恢复"功能，来尝试进一步恢复操作。

14 **为什么 USB 设备插拔后无法再识别(Windows 7)?**

① 在 Windows 7 系统桌面上，右击【计算机】图标，选择"属性"，单击弹出窗口左侧的"设备管理器"。

② 在弹出的"设备管理器"窗口中，双击"通用串行总线控制"，Windows 7 系统将列出一排设备列表，其中将会包括一个或多个"USB Root Hub"，如图 7-27 所示。

③ 请依次右键单击"USB Root Hub"，选择"禁用"，然后再次启用。

图 7-27 【设备管理器】对话框

15 怎么解决 U 盘无法停止"通用卷"(Windows 7)?

方法一：我们往往在把 U 盘的文件或者数据取出来的时候，用"复制""粘贴"方式，而如果复制的是 U 盘上的文件，这个文件就会一直放在系统的剪切板里，处于待用状态。而如果这种情况下我们要删除 U 盘，就会出现上面的无法停止 U 盘的提示。

相应的解决办法就是：清空剪切板，或者在硬盘上随便进行一下复制某文件再粘贴的操作，这时候再去删除 U 盘提示符即可。

方法二：如果觉得上面那种方法还无效的话，可以使用下面这个方法：同时按下键盘的【Ctrl】+【Alt】+【Del】组合键，这时会出现"任务管理器"窗口，单击"进程"标签，在"映像名称"中寻找"rundll32.exe"进程，选择"rundll32.exe"进程，然后点击"结束进程",这时会弹出任务管理器警告,问是否关闭此进程,点击"是",即关闭了"rundll32.exe"进程,U 盘就可以正常删除了。

使用这种方法时请注意:如果有多个"rundll32.exe"进程,需要将多个"rundll32.exe"进程全部关闭。

方法三:这种方法同样是借助了任务管理器,同时按下键盘的【Ctrl】+【Alt】+【Del】组合键,出现"任务管理器"窗口,单击"进程",寻找"explorer.exe"进程并结束它。这时候会发现桌面不见了,请不要惊慌,继续进行下面的操作,在任务管理器中点击【文件】→【新建任务】中输入 explorer.exe,单击【确定】。再删除 U 盘,会发现可以安全删除了。

方法四:遇到 U 盘无法停止"通用卷"时,可以在电脑桌面上点击一个文件夹选择"复制"(不需要粘贴)然后删除 U 盘即可。

方法五:这种方法最简单,但最耗时,那就是重启电脑。

 16 Windows 7 系统使用过程中总提示内存不足的原因是什么?

(1)系统提示"计算机内存不足"的原因

① 系统运行太多的应用程序。

② 硬盘剩余空间太少。

③ 系统"虚拟内存"设置太少。

④ 运行的程序太大。

⑤ 计算机感染了病毒。

(2)系统提示"计算机内存不足"的解决办法

① 关闭不需要的应用程序。

② 删除剪贴板中的内容。

③ 设置注册表编辑器中自动关闭失去响应的程序,设置的方法如下:

• 在【运行】对话框中输入"regedit"字符命令,单击【确定】按钮。

• 在打开的注册表编辑器中左侧依次展开:HKEY_LOCAL_MACHINE\SOFTWARE\Microsoft\Windows\CurrentVersion\Explorer 选项。

• 在右侧的窗格中新建一个字符串值、AlwaysUnloadDLL,将其值设置为"1"。

• 关闭注册表编辑器,重启计算机即可。

④ 增加系统的虚拟内存。

⑤ 重新启动系统,释放以前占用的内存。

 17　为什么可以上 QQ 但不能访问网站?

可能的原因有以下几点:

(1)网络设置问题

这种原因比较多出现在需要手动设置 IP、网关及 DNS 服务器联网方式下,也有可能使用了代理服务器上网;请仔细检查计算机的网络设置。

(2)DNS 服务器问题

当 IE 无法浏览网页时,可先尝试用 IP 地址来访问。如果 IP 地址可以访问,那么应该是 DNS 出现问题。造成 DNS 出现问题的可能原因:

① 联网时自动获取 DNS 出错或 DNS 服务器本身问题。此时可以手动设置 DNS 服务(主/辅 DNS 的地址为 202.113.244.2/ 202.113.244.12)。

② 路由器或网卡有问题，无法与 ISP 的 DNS 服务连接。出现这种情况，可以把路由器关一会儿再开，或者重新设置路由器。

③ 本地 DNS 缓存出现问题。为了提高网站访问速度，系统会自动将已经访问过并获取 IP 地址的网站存入本地的 DNS 缓存中，一旦再对这个网站进行访问，则不再通过 DNS 服务器而直接从本地 DNS 缓存取出该网站的 IP 地址进行访问。如果出现这种情况，可以单击【开始】按钮，在【运行】中执行"ipconfig/flushdns"来重建本地 DNS 缓存。

（3）IE 浏览器本身出现问题

当 IE 浏览器本身出现故障时，自然会影响到网页浏览；或者 IE 被恶意修改、破坏也会导致无法浏览网页。这时可以尝试用"IE 修复专家"来修复，建议到安全模式下修复。

（4）网络防火墙设置问题

如果网络防火墙设置不当，如安全等级过高、不小心把 IE 放进了阻止访问列表、错误的防火墙策略等，可尝试检查策略、降低防火墙安全等级或直接关掉防火墙，试试是否恢复正常。

（5）网络协议和网卡驱动的问题

IE 无法浏览，有可能是网络协议（特别是 TCP/IP 协议）或网卡驱动损坏导致，可尝试重新安装网卡驱动程序和网络协议。

（6）HOSTS 文件的问题

HOSTS 文件被修改，也会导致浏览的不正常。解决方法是清空 HOSTS 文件里的内容。由于该文件属于文本文件，所以可以使用记事本等文本编辑软件打开。打开该文件后，只保留 127.0.0.1 localhost 一段内容，其他全部删除即可。

（7）系统文件的问题

当与 IE 有关的系统文件被更换或损坏时，会影响到 IE 正常的使用，这时可使用 SFC 命令进行修复。具体的修复方法如下：

在【运行】中执行"sfc /scannow"尝试修复。如果使用命令无法修复，可从网上搜索修复工具 WinSockFix 进行尝试。

（8）感染了病毒所致

这种情况往往表现在打开 IE 时，在 IE 界面的左下状态栏里提示"正在打开网页"，但很长时间没有响应。解决方法：打开任务管理器，查看 CPU 的占用率如何。如果是 100%，可以肯定是感染了病毒。这时根本无法运行其他程序。此时可以查找是哪个进程贪婪地占用了 CPU 资源。找到该进程后把名称记录下来，然后结束该进程。如果不能结束，则要启动到安全模式下把该进程删除，此外还需要打开注册表编辑器，在注册表中查找记录下来的那个进程名，找到后单击鼠标右键删除，然后进行若干次搜索，直到找不到为止。

18 如何阻止恶意代码修改注册表？

① 在注册表中依次选择 HKEY_LOCAL_MACHINE\ SOFT-WAER\ microsoft\windows NT\currentversion\winlogon。

② 在此窗口中删除 LegalNoticeText 和 LegalNoticeCaption 的键值。

19 使用 QQ 邮箱发邮件发错人了怎么办？

撤回错误邮件的方法：

登录 QQ 邮箱，点击【已发送】按钮找到发错的邮件，然后点击【撤回邮件】，向系统发出撤回请求；如果收件人的邮件还处于未读状态，就可以成功撤回。需要注意的是无论成功与否，主动撤回和被撤回双方都会收到系统的通知信。

20 Windows 7 如何在安全模式下修复电脑系统？

① Windows 7 安全模式下删除顽固文件：在 Windows 正常模式下删除一些文件或者清除回收站时，系统可能会提示"文件正在被使用，无法删除"，出现这样的情况就可以在安全模式下将其删除。因为在安全模式下，Windows 会自动释放这些文件的控制权。

② Windows 7 安全模式下的系统还原：如果电脑不能启动，只能进入安全模式，那么就可以在安全模式下恢复系统。进入安全模式之后点击"开始"→"所有程序"→"附件"→"系统工具"→"系统还原"，打开系统还原向导，然后选择"恢复我的计算机到一个较早的时间"选项，点击"下一步"按钮，在日历上点击黑体字显示的日期，选择系统还原点，点击"下一步"按钮即可进行系统还原。

③ Windows 7 安全模式下的病毒查杀：如今杀毒软件的更新速度已经跟不上病毒的脚步，稍不留神电脑就会被病毒感染。但是在 Windows 下进行杀毒有很多病毒清除不了，而在 Dos 下杀毒软件无法运行。这个时候我们可以启动安全模式，Windows 系统只会加载必要的驱动程序，这样就可以把病毒彻底清除了。

④ Windows 7 安全模式下解除组策略的锁定：其实 Windows 中组策略限制是通过加载注册表特定键值来实现的，而在安全模式下并不会加载这个限制。重启开机后按住 F8 键，在打开的多重启动菜单窗口，选择"带命令提示符的安全模式"。进入桌面后，在启动的命令提示符下输入"C：WindowsSystem32XXX.exe（你启动的程序）"，启动控制台，再按照如上操作即可解除限制，最后重启正常登录系统即可解锁。

⑤ Windows 7 安全模式下修复系统故障：如果 Windows 运

行起来不太稳定或者无法正常启动，这时候先不要忙着重装系统，试着重新启动计算机并切换到安全模式启动，之后再重新启动计算机，系统是不是已经恢复正常了？如果是由于注册表有问题而引起的系统故障，此方法非常有效，因为 Windows 在安全模式下启动时可以自动修复注册表问题，在安全模式下启动 Windows 成功后，一般就可以在正常模式（Normal）下启动了。

⑥ Windows 7 安全模式下恢复系统设置：如果用户是在安装了新的软件或者更改了某些设置后，导致系统无法正常启动，也需要进入安全模式下解决；如果是安装了新软件引起的，请在安全模式中卸载该软件；如果是更改了某些设置，如显示分辨率设置超出显示器显示范围，导致了黑屏，那么进入安全模式后就可以改变回来；还有把带有密码的屏幕保护程序放在"启动"菜单中，忘记密码后，导致无法正常操作该计算机，也可以进入安全模式更改。

⑦ Windows 7 安全模式下揪出恶意的自启动程序或服务：如果电脑出现一些莫明其妙的错误，如上不了网，按常规思路又查不出问题，可启动到带网络连接的安全模式下看看，如果在这里能上，则说明是某些自启动程序或服务影响了网络的正常连接。

⑧ Windows 7 安全模式下检测不兼容的硬件：XP 由于采用了数字签名式的驱动程序模式，对各种硬件的检测也比以往严格，所以一些设备可能在正常状态下不能驱动使用。如果发现在正常模式下 XP 不能识别硬件，可以在启动的时候按 F8，然后进入安全模式，在安全模式里检测新硬件。

⑨ Windows 7 安全模式下卸载不正确的驱动程序：一般的驱动程序，如果不适用于硬件，可以通过 XP 的驱动还原来卸载。但是显卡和硬盘 IDE 驱动如果装错了，有可能一进入 GUI 界面就死机；一些主板的 ULTRADMA 补丁也是如此，因为 Windows

是要随时读取内存与磁盘页面文件调整计算机状态的，所以硬盘驱动一有问题马上系统就崩溃。此时怎么办呢？

　　某些情况下，禁用管理员帐户可能造成维护上的困难。例如，在域环境中，当用于建立连接的安全信道由于某种原因失败时，如果没有其他的本地管理员帐户，就必须以安全模式重新启动计算机来修复致使连接状态中断的问题。如果试图重新启用已禁用的管理员帐户，但当前的管理员密码不符合密码要求，则无法重新启用该帐户。这种情况下，该管理员组的可选成员必须通过"本地用户和组"用户界面来设置该管理员帐户的密码。

21 窗口最大化后任务栏被覆盖，如何解决？

　　① 在任务栏上单击鼠标右键，在弹出的菜单中选择【属性】。

　　② 在弹出的【任务栏和开始菜单属性】对话框中勾选【锁定任务栏】，然后单击【确定】按钮。

22 桌面上不显示图标只有任务栏，如何解决？

　　在桌面空白处单击鼠标右键，在弹出的菜单中选择【查看】→【显示桌面图标】。

23 任务栏在显示器的右边，如何恢复？

　　① 在任务栏上单击鼠标右键，在弹出的菜单中选择【属性】。

　　② 在弹出的【任务栏和开始菜单属性】对话框中将【屏幕上的任务栏位置】修改为【底部】，然后单击【确定】按钮。

24　桌面上没有"计算机"这个图标，如何解决？

① 单击【开始】菜单，在弹出菜单中的【计算机】上单击鼠标右键。

② 选【在桌面上显示】即可。

25　屏幕右下角的"小喇叭"不见了，如何解决？

① 在任务栏上单击鼠标右键，在弹出的菜单中选择【属性】。

② 在弹出的【任务栏和开始菜单属性】对话框中单击【通知区域】内的【自定义】。

③ 在弹出的【通知区域图标】窗口中单击【打开或关闭系统图标】。

④ 在【打开或关闭系统图标】窗口中，将音量图标的行为修改为【打开】后【确定】即可，如无法修改，重新启动系统再进行设置即可。

26　屏幕右下角的网络连接图标显示为"×"是什么原因？显示为一个黄点不停在左右游动是什么原因？

显示为"×"主要是网线没有连通，解决方法：

① 因网线松动，重新插入网线。

② 如果重新插入网线后，仍未解决问题，单击【开始】菜单，选择【控制面板】打开【控制面板】窗口。

③ 在【控制面板】窗口中的【网络和 Internet】模块下单击【查看网络状态和任务】进入【网络和共享中心】。

④ 在【网络和共享中心】窗口左侧单击【更改适配器设置】，打开【网络连接】窗口，在【本地连接】上单击鼠标右键，将其【启用】。

显示为一个黄点在左右游动，是因为 IP 地址冲突，需要重新设置 IP 地址，见网络应用篇的 05 条解决。

27 计算机突然自动关机或重新启动是什么原因？

计算机自动关机或重新启动的原因有很多，如 CPU 温度过高、电源出现故障、主板的温度过高而启用自动防护功能或感染病毒等。如果突然关机现象一直发生，要先确认 CPU 的散热是否正常，打开机箱查看风扇叶片是否运转正常，如果风扇有问题，就要对风扇进行维护，如对扇叶除尘、向轴承中添加润滑油等。另外，如果对 CPU 进行了超频，最好恢复原来的频率，或更换大功率的风扇。同时，主板大多数都具有对 CPU 温度监控的功能，一定要在主板 BIOS 中设置 CPU 最高温度报警，一旦 CPU 温度超过了所设定的温度，主板就会自动切断电源，以保护相关硬件。如果风扇、CPU 等硬件都没有问题，可以使用替换法来检查电源是否老化或损坏，如果电源损坏，就一定要更换新电源，切不可继续使用，以免烧毁其他硬件。如果所有的硬件都没有问题，就要从软件入手，检查系统是否有问题，并使用杀毒软件查杀病毒，解决因病毒而引起的故障。

28 计算机机箱内的噪声特别大，怎样消除噪声？

风扇发出噪声，大多是由于使用时间过长，而又没有给风扇添加润滑油，使得风扇轴承干涸造成的。这时可以给风扇的轴承添加润滑油来解决问题。首先将风扇取下，将扇叶上的灰尘清除干净，避免在安装过程中再有灰尘进入轴承内；将风扇正面的不干胶商标撕下，就会露出风扇的轴承，如果风扇的轴承外部有卡销或盖子，也应将其取下。然后在风扇的轴承上滴几滴优质润滑油，再将风扇重新固定在散热片上，并安装到 CPU 上，再启动计算机，就会听到 CPU 风扇的噪声明显减小了。不过在添加润滑油的时候要注意，一定要使用高质量的润滑油，否则，润滑油质量不好，当 CPU 发热量较大时，润滑油就容易挥发，从而造成风扇轴承再次因缺油而发出噪声。风扇中的润滑油不必频繁添加，一般来讲，一年添加一次就可以。

29 **计算机运行一段时间后就会发出蜂鸣声是什么原因？**

开机运行一段时间后计算机发出蜂鸣声，一般是因为 CPU 温度超过设定的报警温度所致，可以在 BIOS 中提高报警温度使系统不发出报警声。同时应检查 CPU 风扇运转是否正常，CPU 散热片的温度是否很高，如果温度过高就要采取措施为 CPU 降温。尤其夏天气温较高，一些计算机容易出现超温报警的现象，所以一定要检查 CPU 风扇的情况或更换优质的 CPU 风扇，以免 CPU 被烧毁。

30 **为什么每次在 Windows 中设置时间后重新开机，系统时间又变成 0:00？**

这种情况一般是由于主板上的 CMOS 电池没电、损坏或 CMOS 跳线设置错误，造成时间更改不能保存。建议更换新的 CMOS 电池，一般就可以解决。如果仍不能解决，查看 CMOS 跳线是否接到了清除位置，如果是，重新设置即可。

31 **计算机启动时发出"嘀嘀嘀……"的连续鸣叫声是什么原因?**

计算机启动时发出"嘀嘀嘀……"的连续鸣叫声并且不能启动,是内存条与插槽接触不良,或内存条损坏出现的问题。这种故障只需打开机箱,将内存条拔下,重新插好、插紧,再启动时故障就能解决。

 32 **计算机启动时屏幕上提示:"Operating system not found"是什么原因?**

出现此现象可能有以下三种原因:

① 系统检测不到硬盘。由于硬盘的数据线或电源线连接有误,导致计算机找不到硬盘。此时可在开机自检画面中查看计算机是否能够检测到硬盘,如果不能检测到,可在机箱中查看硬盘的数据线、电源线是否连接好,确保正确连接好硬盘。

② 硬盘还未分区,或虽已分区但分区还未被激活。如果计算机能检测到硬盘,则说明硬盘可能是一块新硬盘,还未被分区;或虽然已经分区但分区未被激活。这时可用分区工具查看硬盘信息,并给硬盘正确分区,激活主分区。

③ 硬盘分区表被破坏。如果硬盘因病毒或意外情况导致硬盘分区表损坏,就会导致计算机无法从硬盘中启动而出现这种信息。此时可以使用备份的分区进行恢复,也可使用分区工具修复分区表。

33 **为什么500G的移动硬盘在使用时发现容量少很多?**

一般来说,硬盘格式化后容量会小于标称值,这是因为换算方法不同造成的。硬盘生产厂家一般按　1MB=1000KB　来计算，而在计算机中都是以　1MB=1024KB　来计算的，这样两者间的容量就出现了差异。

34　计算机启动时发出"咣咣"的声音是什么原因？

　　计算机出现这种"咣咣"的声音，一般是因为硬盘磁臂在移动时动作过大，定位异常，造成与外壳碰撞而发出的异响，或者硬盘的磁臂或磁头出现硬件损坏造成的，如磁臂断裂、磁头脱落或变形错位后，与硬盘的盘面接触产生刺耳的异常响声。出现这种情况多数都证明硬盘只能报废，没有修理的价值。但如果硬盘上有重要的数据，最好找专业的数据恢复公司使用特殊的设备将数据读取出来。

35　计算机启动后，显示器和硬盘指示灯均正常，但屏幕上没有图像是什么原因？

　　通过这种现象说明计算机主机正常，问题应该出在显示器或显卡上。此时应检查显示器与显卡的连接线是否正常，连接接头是否正常，并且关机后将数据线拔下再重新插好。如果显示器仍不显示，再拆开机箱，重新插拔显卡，并且把显示器和显卡连接到其他的计算机上进行测试，以此判断是显示器还是显卡出现了问题。

36　计算机启动后发出"一长两短"的三声鸣叫且显示器黑屏是什么原因？

　　开机时显示器黑屏，且主机箱内发出一声长二声短或三声短的蜂鸣声，表明显卡出现问题。这时需要打开机箱，检查显卡有没有正确、紧密地插在插槽上，显卡插槽内是否有异物，并且如果显卡使用时间较长，还要检查显卡的"金手指"是否被氧化或有污物，并用一块干净的高级橡皮将"金手指"擦干净。如果上述方法仍不能解决问题，可以更换其他显卡进行测试。

 37 **显示器屏幕上总出现一些异常的杂点或图案是什么原因？**

出现这种故障一般是由于显卡的显存出现问题，或显卡与主板接触不良造成。首先可以打开机箱，将显卡从插槽上取下，查看显卡的"金手指"上面是否被氧化或有污物，如果有，可用一块高级橡皮轻轻擦拭显卡上的"金手指"，将氧化膜及污物全部擦干净后，重新插到插槽中，并保证插好、插紧，再启动计算机即可使显示器显示正常。如果故障仍不能解决，屏幕仍出现异常杂点或图案，则可能是显卡或显存出现问题，这就需要更换一块显卡了。

 38 **计算机在使用一段时间后出现花屏或死机的现象是什么原因？**

出现这种现象很可能是显卡散热状况不好，造成显卡芯片温度过高。可以打开机箱并启动计算机，在系统运行时用手触摸显卡芯片的背面及显存，如果显卡的温度较高，则说明显卡的散热性不好，最好更换或重新安装显卡主芯片上的散热风扇或散热片，并给显存加上散热片，以降低它运行时的温度。

39 显示器画面模糊而且抖动是什么原因？

这种情况是因为显示器的刷新频率设置不当。造成这种现象的原因可能是有人改动或因意外情况造成显示器的刷新频率降低，也可能是显卡的驱动程序错误，造成显示器只能工作在较低刷新频率下。要解决这种问题，可在桌面上单击鼠标右键，依次选择【屏幕分辨率】→【高级设置】→【监视器】，在【屏幕刷新频率】下拉列表中，根据显示器支持的情况，选择【75赫兹】或【85赫兹】，最后单击【确定】按钮保存，即可解决显示器画面模糊不清的问题。但是，如果在【屏幕刷新频率】下拉列表中没有可供选择的选项，则可能是显卡的驱动程序出了问题，此时需要重新安装相应的显卡驱动程序。

40 计算机突然黑屏，但机箱指示灯正常是什么原因？

计算机黑屏但仍能正常运行，应该是显卡或显示器出了问题，可能是显卡接口与显示器的数据线接触不良导致的。此时拔下显示器的数据线，查看数据线接头里的针有没有弯曲，如果有针弯曲，将其掰直，然后将它插在显卡接口上，注意一定要插好、插紧，并将螺丝拧紧。重新开机，即可解决黑屏故障。如果仍出现黑屏现象，可请专业维修人员修理显卡接口与数据线接触不良的问题。

41 显示器上有一条白色的水纹状滚动条不停地移动是什么原因？

屏幕上出现滚动条不停地移动，这种情况一般是由于 50Hz

交流磁场干扰所造成的。检查显示器周围是否有大电流的供电线路，或者电动机、电焊机等工业设备，如果有，尽量离远一点。另外，如果显示器使用时间过长也容易出现这种现象。

42 显示器上有一块拇指大小的黑斑是什么原因？

出现这种情况很可能是显示器屏幕由于外力按压造成的。在外力的压迫下，液晶面板中的偏振片就会变形，而这个偏振片性质就像铝箔一样，一旦被按凹进去后不会自己弹起，这样造成了液晶面板在反光时存在差异，就会变得灰暗像黑斑。

43 显示器显示的颜色不正是什么原因？

出现这种情况往往是显示器接头因插拔而造成针脚弯曲造成的。拔下显示器数据线接头，检查里面的针是否有弯曲现象，如果有，用小镊子把弯曲的针脚掰直后重新连接，显示器颜色即可恢复正常。

44 播放音乐时音箱或耳机不发出声音是什么原因？

首先检查音箱或耳机的接线是否插好，电源有没有打开，调节音箱或耳机的音量控制按钮，看能否出现声音。如果仍没有出现声音，用鼠标单击屏幕右下角任务托盘中的声音图标【小喇叭】，弹出【音量】调节滑块，查看【静音】按钮是否被选中，若被选中就需取消选中，然后向上拖动滑块调大音量，即可正常发音。若仍没有声音，就要检查声卡的驱动程序有没有安装好。打开【设备管理器】，查看【声音、视频和游戏控制器】列表中是否有黄色的感叹号，如果有，就说明声卡驱动没有安装好，此时正确安装声卡驱动即可。如果计算机中安装的是独立声卡，还要打开机箱，查看声卡是否松动，若声卡没有插好，则需把它插紧。

 45 播放音乐时音箱中发出很大的噪声是什么原因？

播放文件时音箱中发出噪声的可能性有很多，主要可以归结于以下几个方面：

① 声卡自身抗干扰能力差。某些杂牌声卡由于做工及用料比较差，容易受其他设备电磁干扰的影响，这属于声卡的质量问题，普通用户能做的就是让声卡尽量远离其他会放出电磁波的设备。

② 声卡没有安装好。由于某些机箱制造商制造精度不够高，导致声卡不能与主板扩展槽紧密结合。通过观察可看到声卡上的"金手指"与扩展槽簧片不能充分接触。这种现象属于常见故障，一般通过调整声卡挡板的位置即可解决问题。

③ 驱动程序问题。应尽量选用声卡厂商根据不同操作系统所推出的专用驱动程序，第三方的驱动程序和 Windows 默认的驱动程序往往会在某些方面存在一些问题。

46 计算机在启动时检测不到光驱是什么原因？ ▬▬

这种情况可能是由于光驱数据线或电源线接头松动或光驱跳线设置错误引起的。首先打开机箱，检查光驱的数据线及电源线接头是否松动，如果发现没有插好，就将其重新插好、插紧。如果这样仍然不能解决故障，可以更换一根新的数据线。这时如果故障依然存在，就需要检查一下光驱的跳线设置了，如果有错误，将其更改即可。

47　如何减弱光驱的噪声？

因为当光盘放入光驱后，光驱会自动运行，所以有读盘的声音；而光驱读盘的时候噪声比较大，主要是光驱高速运转带来的；不同厂商降噪设计有所不同；如果光驱使用的时间比较长，光驱内的零部件可能松动，在读盘时也会发出很大的噪声；在读取不同的光盘时噪声大小也不一样，是由于光盘质量不同造成的，如果使用盗版光盘或劣质光盘，光盘表面不均匀、光盘厚度太薄或太厚，都有可能导致光驱产生震动与噪声，而且，劣质光盘还会加速光驱的损坏，所以平时尽量不要使用盗版光盘或劣质光盘。

 48　计算机提示键盘错误且按任何键都无反应是什么原因？

这种情况是由于键盘未能正确地连接到主板上，或键盘与主板的 PS/2 接口接触不良所造成的。解决方法很简单，首先查看键盘是否已正确连接在主板上，如果接头松动，就重新将其插紧；如果键盘已经接好仍然出现这种情况，则可能是插头与接口接触不良，这时需把键盘插头重新插好即可解决。

 49　键盘的按键按下以后卡住，如何解决？

出现这种现象，可能是因为键盘上的一些按键因长期使用而不能正常弹起造成的。有一些常用的按键如 Ctrl、Shift、Enter 等在键盘使用时间较长以后，就容易在按下去时被卡住而不能正常

弹起。这样，在输入文字或单击鼠标时，就如同先按下这些键再
输入，结果导致大小写字母错误或选中多个文件等。最好将键盘
拆开或将按键撬下，修理一下里面的键盘帽或弹簧即可恢复。如
果情况严重，可考虑更换键盘。

**50　计算机突然发出"嘀嘀嘀……"的连续鸣叫声是
什么原因？**

这种情况最可能的原因是键盘上的回车键被卡住而弹不出
来，导致确认无效就会发出这种声音。如果再次出现这种情况，
只要使卡住的回车键弹起即可。如果回车键因长时间使用而不能
弹起，就要想办法进行修理。

**51　机箱外壳漏电，用手触碰金属外壳有放电现象是
什么原因？**

其实大多数机箱都有漏电现象，这是正常的，不过每个机箱
漏电情况都不相同。如果机箱漏电比较轻微可以不用管它，如果
漏电比较严重，就有可能会使机箱内的硬件配件损坏，这就必须
解决了。首先要检查是否是电源质量不合格，若电源质量较差最
好更换一个新的电源。另外，解决漏电现象只需使机箱接地即可。
可以用一根电线，一头接在机箱上，另一头连接大地即可，使机
箱与大地形成回路便可释放掉漏电流。

52　突然闻到机箱内发出很刺鼻的焦煳味是什么原因？

如果机箱出现异味，这可能是机箱内有些配件被烧坏或因电

流过大而烧焦，应先断开电源，打开机箱，找到发出异味的部件，卸下交给专业维修部门处理。

 53 机箱过热且有"嗡嗡嗡……"的声音发出是什么原因？

电源发出"嗡嗡"的声音可能是电源盒内的散热风扇所致，原因可能有以下几种：

① 电机轴承中使用的润滑油质量不好，在环境温度较低时会凝结，而且风扇最容易集结灰尘，进入轴承的灰尘和劣质润滑油凝结在一起，会大大增加电机的转动力矩，使得电机转动不正常，发出振动的"嗡嗡"声。而在多次启动后，由于发热使得润滑油熔化，电机又能够正常工作了。

② 可能是风扇电机轴承松动，使得在旋转时发出"嗡嗡"的声音，这种原因造成的声音不会因反复冷启动而消失。

③ 电机轴承润滑不好，造成启动时阻力增加，从而发出噪声。若是这种情况，在电机轴承处滴入少量润滑油增加润滑度后便可得到改善。另外，还一定要清洗风扇叶片上和轴承中的积尘。

54 打印机突然不进纸是什么原因？

导致打印机不进纸的原因主要有以下几种：

① 打印纸卷曲严重或有折叠现象。

② 打印纸的存放时间过长，造成打印纸潮湿。

③ 打印纸的装入位置不正确，超出相应标识。

④ 有打印纸卡在打印机内未及时取出。打印机在打印时如果发生夹纸情况，必须先关闭打印机电源，小心取出打印纸。方法是沿出纸方向缓慢拉出夹纸，取出后一定要检查纸张是否完整，

防止碎纸残留机内，造成其他故障。

⑤ 检查墨盒是否充足，如果墨盒为空，打印机将不能进纸，必须更换相应的新墨盒才能继续打印。

55 打印机打印时经常发生卡纸，如何解决？ ━━

激光打印机最常发生的故障就是卡纸，借助以下技巧可以减少卡纸故障的发生：

① 搓纸。从纸包中取出一叠纸张装入打印机的纸盒之前，应用手握住纸的两端，正反弯曲几遍，并分别只握住一端抖动几下，目的是使纸张页与页之间搓开，减少"夹带纸"以及随后的卡纸现象，整理齐后再将纸放入纸盒中使用。

② 纸盒不要太满。纸盒装得太满也会引起"夹带纸"现象，纸张导引槽也不要卡得太紧，否则也会引起卡纸。

③ 选用好纸。激光打印机使用的纸张必须干燥且不能有静电，否则易卡纸或导致打印文件发黑。对于有些易卡纸的打印机，不要将刚打印过的纸张紧接着又放入纸槽中供打印，因为纸上还有少量的静电，容易引起卡纸。

卡纸后处理的重要一条就是注意沿纸张正常传送的方向拉出被卡住的纸张。卡纸后应打开打印机翻盖，若有必要，还需取出硒鼓，用双手轻轻拽出被卡住的纸张，此时注意不要用力过猛，以免拉断纸张。不要用夹子之类的工具去拉取纸张，以免划伤精密部件的表面。

56 打印机打印出来的纸上有许多污点，如何解决？

可用干燥清洁的软布擦拭打印机内部的纸道，以去除纸道内遗留的碳粉；打印每页只有一个字的三页文件，用来清洁打印机内部的部件；选择高质量的打印纸；如果还存在问题，可能需要更换碳粉盒或硒鼓。

57 打印机打印时出现"系统资源不足"的提示，如何解决？

首先在打印时不要启动过多的程序，或者关闭一些正在运行的程序；打开【Windows 任务管理器】查看哪些程序占用了较多的内存或系统资源，并结束这些任务，也包括一些内存驻留程序；然后清空剪贴板中的内容，或复制一个文字以替换剪贴板中较多的内容，重试打印。如果使用以上方法仍不能解决问题，可以重新启动计算机，不启动任何其他程序而只启动要打印的文档，一般即可正常打印。

58 计算机启动后检测不到安装的扫描仪是什么原因？

这是使用扫描仪的常见故障，出现这种情况的原因可能是线路问题、驱动程序问题或端口冲突问题。遇到这种故障的解决办法是：首先检查扫描仪的电源及线路接口是否已经连接好，然后确认是否先开启扫描仪的电源，再启动计算机。如果不是这个原因，可以在 Windows 的【设备管理器】中单击【刷新】按钮，查看扫描仪是否有自检，绿色指示灯是否稳定地亮着。假若答案肯定，则可排除扫描仪本身故障的可能性。如果扫描仪的指示灯不停地闪烁，表明扫描仪状态不正常。在这种情况下，可以再重新安装最新的扫描仪驱动程序。

扫描仪扫描出来的图像中有其他形体出现是什么原因？

　　出现这样的情况，可能是原底片上有坏点、污点，或散射箱玻璃上聚集了灰尘，擦拭、清洁底片、清洁散射箱后重试即可。

 拔出 U 盘时仍然出现"现在无法停止'通用卷'设备"是什么原因？

　　出现这种现象很可能是一些程序打开了 U 盘中的某些文件，而这些程序和打开的文件仍然建立关联，这时应将相应的程序关闭后再关闭 U 盘。如果不能判定哪些程序被使用，可关闭 Windows 中所有正在运行的程序。切记不要强制拔出，否则可能会造成数据损坏。此外，还可以先注销 Windows 再从系统托盘弹出 U 盘，一般都能解决此问题。

参 考 文 献

胡晓峰，吴玲达. 2015. 多媒体技术教程［M］. 4 版. 北京：人民邮电出版社.

胡远萍. 2009. 计算机网络技术及应用［M］. 北京：高等教育出版社.

华师傅资讯. 2007. 精通 Office 办公疑难解析与技巧 1200 例［M］. 北京：中国铁道出版社.

鲁凌云. 2012. 计算机网络基础应用教程［M］. 北京：清华大学出版社.

前沿文化. 2013. 最新 Office 2010 三合一高效办公完全手册［M］. 北京：科学出版社.

钱锋，汪保元. 2015. 计算机网络基础技能训练［M］. 北京：高等教育出版社.

赛贝尔资讯. 2014. 电脑常见故障排除应用技巧（高效随身查）［M］. 北京：清华大学出版社.

神龙工作室. 2007. 新手学电脑办公常见问题解答［M］. 北京：人民邮电出版社.

石焱，王志彬. 2014. 计算机基础与 OFFICE2010 新编应用［M］. 北京：中国水利水电出版社.

石焱，章元日. 2009. 电子商务管理实务［M］. 北京：中国水利水电出版社.

石焱. 2011. 电子商务概论［M］. 北京：中国水利水电出版社.

宋文官. 2012. 电子商务概论［M］. 北京：清华大学出版社.

谢希仁. 2010. 计算机网络［M］. 北京：电子工业出版社.

薛为民，赵丽鲜，冯伟. 2006. 多媒体技术及应用［M］. 北京：清华大学出版社，北京交通出版社.

杨桦，许捷，王婷. 2014. 电子商务实务［M］. 北京：清华大学出版社.

于伟海，周丽杰，曲新民. 2004. 新手学电脑常见问题与技巧 1000 例［M］. 北京：人民邮电出版社.

赵子江. 2013. 多媒体技术应用教程［M］. 北京：机械工业出版社.

周梁，陈家红，王国平. 2007. Office 2007 常用办公组件超级技巧 1000 例［M］. 北京：电子工业出版社.

祝彬，黄小红. 2010. 办公疑难有救了—Office 常见问题速查大全［M］. 北京：中国铁道出版社.